花冠・耳鉤・耳環・項鍊・胸花・手環・捧花 etc.

女孩兒的花裝飾

32款優雅纖細的手作花飾

折田さやか
SARAH GAUDI

前言

　　謝謝你購買了這本書，我是創立花飾品牌SARAH GAUDI的折田さやか。花與植物，能夠療癒欣賞它們的人，因此SARAH GAUDI以各種技法，將這樣的自然之美細心地作成花裝飾，送到各位手中。

　　本次也將在書中，向各位介紹，以布花為焦點的作品及其作法。

　　布花需要將布剪裁、染色、燙器定型，即使只作一片花瓣，也要進行很多步驟。經過繁雜的步驟後才能開始組合，是相當需要耐心的工作，不過正因為如此，完成後的美麗和喜悅，也是無可比擬的。請一定要一個個細心製作，充分感受手工作業的魅力。

　　我在製作作品時，一直執著於表現符合女性氣質的柔和配色，與細緻朦朧感。這些是在特別的日子及普通日子都能配戴，華美而優雅的配飾，請一定要親手作作看。

　　另外，布花隨染色和燙花方式不同，能夠表現出無限種風姿。習慣了本書的作法後，也可以自行探索喜歡的布花類型喔！

　　我衷心期望，本書能夠成為讓各位讀者，享受製作布花樂趣的契機。

SARAH GAUDI
折田さやか

CONTENTS

01

Mixed Flower Bouquet

以淡粉紅色為主，
充滿女性溫柔氛圍的捧花。
以天鵝絨緞帶，高雅地裝飾。

how to make ... P.54至P.55

01

02

Dahlia Corsage with Tulle Lace

風姿凜然的碩大大理花，非常有魅力。
而襯托著主角大理花的，
是小巧可愛的花朵們。

how to make ... P.56

02

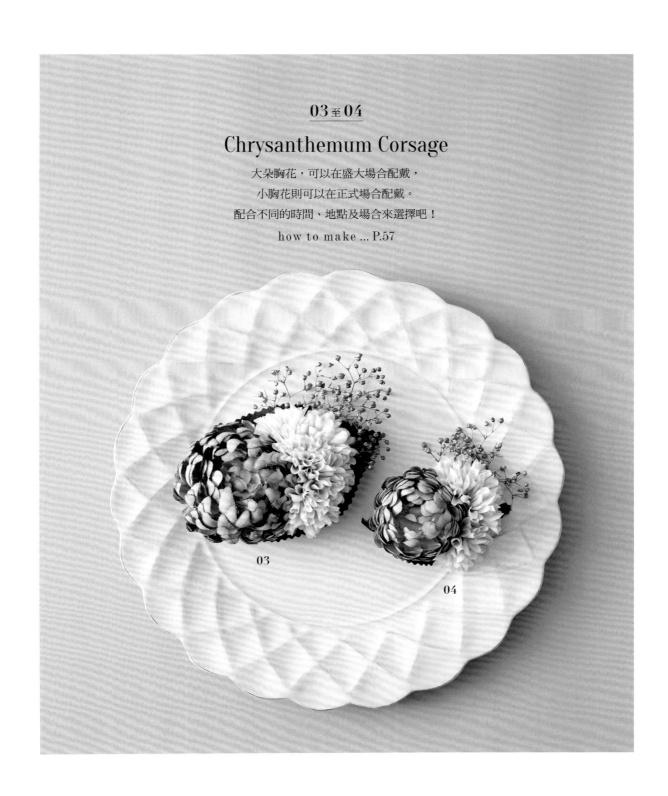

03 至 04

Chrysanthemum Corsage

大朵胸花，可以在盛大場合配戴，
小胸花則可以在正式場合配戴。
配合不同的時間、地點及場合來選擇吧！

how to make ... P.57

03

04

05

06

05 至 06

Blue Flower Crown
& Wristlet

以純潔無瑕的白色花卉為底
所作成的新娘手腕花，
是可以搭配新娘禮服的組合。

how to make ... P.58 至 P.59

07至08

Frame Brooch

賦予配飾立體感，
跳脫出框架的花朵們。
可以為簡單的服裝增色。

how to make ... P.60至P.61

07

08

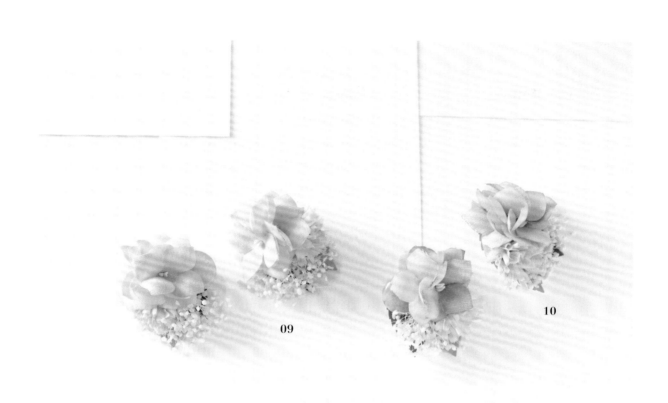

09

10

11

09 至 11

Hydrangea &
Natural Stones
Pierced Earring

柔和的色調特別可愛，
有三種顏色的繡球花耳環，
可以配合服裝的顏色來搭配。

how to make ... P.62

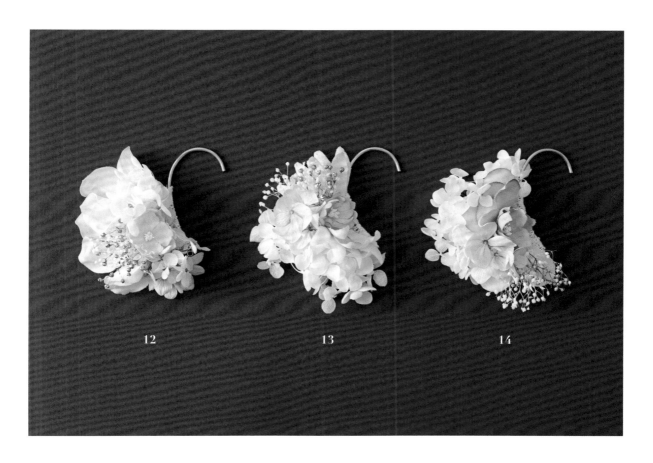

12 13 14

12至14

Pale Pink Ear Hook

讓耳朵變得華麗迷人，
分量感十足的耳鉤。
小巧的花朵更添細緻感。

how to make ... P.63

15

Pale Green Necklace

布花的色彩搭配，
醞釀出古典氣息。
洋溢著大人氛圍的項鍊。

how to make ... P.64

15

17

16

16 至 17

Pale Green Bracelet &
Hoop Pierced Earring

以白色及綠色組合而成的
典雅手環＆圈式耳環。
加上項鍊，三件一起搭配也很美麗。
how to make ... P.65 至 P.66

18 至 19

Red Small Flowers Brooch & Earring

可愛氛圍中，
增添成熟女性
優雅氣質的飾品組。

how to make ... P.67 至 P.68

18

19

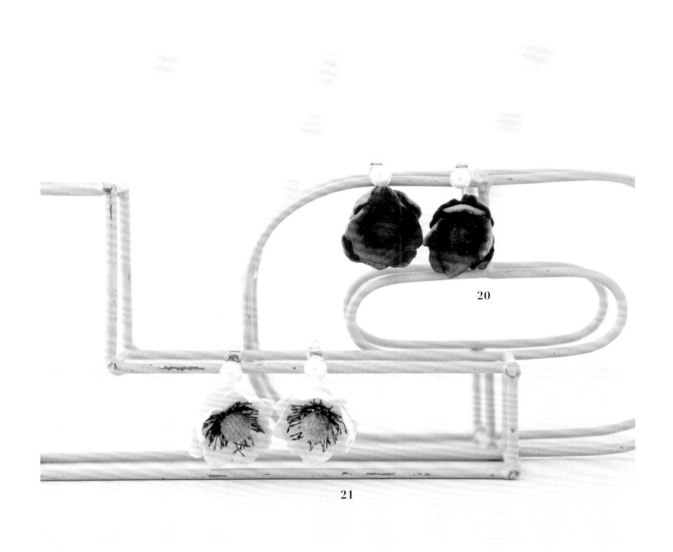

20

21

20 至 21

Anemone Pierced Earring

小巧而簡約的設計，

以天鵝絨布花及珍珠，

襯托出質感。

how to make ... P.69

23

22

22 至 23

Smoky Blue Bangle & Earring

清爽的藍色色調，

搭配柔軟的素材，

表現清新柔和的形象。

how to make ... P.70 至 P.71

Stock & Gerbera Barrette

以白色玫瑰為主角的高雅髮夾。
搭配自然風格的服裝，
改變不同編髮造型吧！

how to make ... P.72

24

25

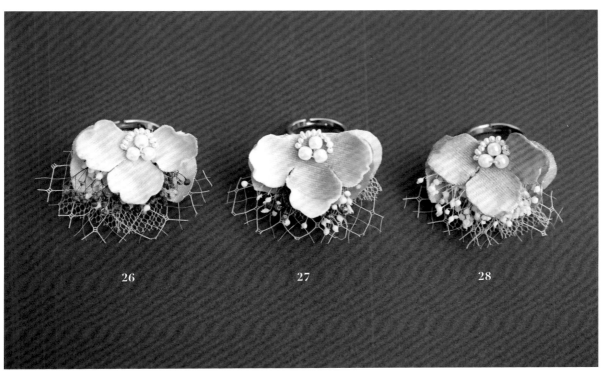

26   27   28

26 至 28

Hydrangea Ring with Tulle Lace

存在感十足，
可謂裝扮主角的布花戒指。
漸層的色彩表現沉穩氣質。

how to make ... P.73

29 至 30

Blue Small Flowers Brooch & Earring

以藍色色調的花朵和珍珠，
展現清新氛圍的飾品組。
在任何場合都能錦上添花。

how to make ... P.74

31 至 32

Corsage of Bouquet

彷彿將野外剛摘下的花朵紮成束，
洋溢著可愛捧花風的胸花。
以太陽般明亮的色調為主。

how to make ... P.75 至 P.76

31   32

製作注意事項

　　花配飾除了可以自己使用，也很適合作為送給重要對象的禮物。請一邊想像配戴者的形象，一邊愉快地挑選花朵吧！將布染成對方喜歡的顏色，或你認為適合對方的顏色吧！

　　另外，只要改變花的種類，表現出的形象也會瞬間改變。薔薇科和百合科非常優雅；野花則是帶有可愛的氛圍。基礎作法熟練後，一定要試著放大想像，挑戰製作自己原創的花飾品喔！

花配飾的作法

本篇介紹基本的工具、作法，
及不凋花＆人造花的配置方法。
先瀏覽一下材料和作法，再動手製作吧！

基本材料 & 工具

以下介紹製作布花飾品時，必備的材料和工具
可以從手工藝品店或花藝資材行購得。

花瓣用的布

作布花不可或缺的布類，可以依照花的種類或飾品的種類，來挑選素材（參閱P.33）。

花蕊用材料

花蕊和保麗龍球、棉花等，是用來作花的花蕊。花蕊有各種形狀和顏色，種類豐富（參閱P.33）。

剪裁用工具

由左至右為長尺、鑽洞用錐子、作業用及布用剪刀。剪刀使用較利的刀片，切口會比較漂亮。

燙器 & 燙頭

用來使布花更立體的工具。依燙頭的種類和使用方式，可以作出各種不同的花瓣。

燙墊

在燙布花時使用。使用時，須將棉布（右）包在海綿（左）上。

工具

由左至右為斜口鉗、尖嘴鉗、小鉗。於加工人造花用鐵絲或飾品配件時使用。

染色用計量器具

計量染劑或熱水時的量杯和細匙。量杯準備200ml容量，細匙則使用可以舀少量染劑的類型。

染色用器具

染布時使用的器具。因為經常需要混色，建議圓盤、湯匙使用紙製或塑膠製。

染劑 & 試染用碎布

將布染上顏色的材料。在正式染色前需要先試色，所以也準備一些碎布吧！

稻草紙

墊在染色的布花下方，使布花乾燥。使用容易吸水的報紙也OK。

鑷子

染布或組合飾品配件等精密作業時使用。

人造花用黏著劑&刮勺

用來黏布用的材料。刮勺需要配合花的大小使用，所以請準備兩種尺寸。

熱熔膠槍&熱熔膠條

製作布花或組合飾品配件時使用，可以在手工藝材料行購買。

不凋花&人造花

可以為作品增添立體感和華麗感。不只是專賣店，手工藝材料行也可以購得。

花藝用鐵絲&膠帶

製作花蕊、花莖，或紮花時使用的材料。花藝膠帶可以配合作品的色調來選擇。

花瓣之外的布&緞帶類

蕾絲和不織布可以當作飾品的襯底，緞帶和網紗則可以用來為飾品作裝飾。

飾品五金

用來將布花作成戒指、耳環、胸針等飾品的材料。配合作品來選擇尺寸吧！

飾品配件

添加珍珠、天然石等配件時，必須使用釣魚線、T字針等連接零件。

基本作法（◆非洲菊）

依照 **1** 至 **26** 來學習非洲菊的基本作法；依 **27** 至 **36** 來學習
以不凋花及人造花製作胸花的基本作法吧！

1

在布上畫花片

將布放在紙型（P.77至P.79）上，以鉛筆描繪出花片外形。為了避免布和花片錯位，以另一手將布牢牢壓緊（這裡使用P.77的紙型D）。

2

以剪刀剪下花片

以剪刀沿著描好的線，將畫在布上的花片剪下。沿著鉛筆內側剪，可以剪得比較漂亮。

3

將所有花片剪好

重複 **1** 至 **2** 的順序，剪好需要的花片（這裡要製作兩款重疊三片花瓣的非洲菊，總共要六片花瓣。）

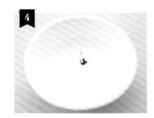

4

調製染劑

調製花瓣用的染劑。以稍微有深度的盤子，放入約0.5g的染劑。為了方便辨識染劑的顏色，請使用白色的盤子。

5

將熱水倒入染劑中

將200㎖的熱水倒入 **4** 染劑中。一定要使用熱水，如果溫度太低，染劑可能會溶不開，要注意（參閱P.42）。

6

以湯匙將染劑拌勻

倒入熱水後，以湯匙將染劑和水攪拌均勻。為了方便確認染劑的顏色，建議使用白色湯匙。

7

試染

先以同一種布的碎布來試染看看。染好的布如果顏色太深，可以在 **6** 裡加熱水；如果太淺，可以加入已調好的染劑來調整。

8

染花片

確定好染劑的濃度後，就可以染花片了。以鑷子夾起花片，從邊緣慢慢沾取染劑。別忘了鑷子夾住的部分也要染到。

9

花片乾燥

全部染好後，放在稻草紙上約一小時乾燥。以鑷子將花瓣攤開，避免花瓣重疊或凹摺。

10

製作非洲菊用雌蕊

將布剪成2.5cm的小方塊，依 **4** 至 **9** 的作法染色（因為要作兩朵非洲菊，所以要準備兩片雌蕊用的布）。

11

包保麗龍球①

以刮勺在 **10** 的背面（沒有絨毛的那一面）塗滿花藝黏著劑，將保麗龍球放在中央。

12

包保麗龍球②

首先將布對角線的兩個角黏起來，將保麗龍球包住。接著按壓整顆球，讓布和保麗龍球緊密黏合。

調整雌蕊的外形

從下方拿好布連接的部分，以指尖調整成漂亮的圓形（準備兩朵份的雌蕊）。

製作非洲菊用的雄蕊

準備好花蕊（右），紮成束後對摺（左），作成雄蕊。多少有些參差不齊也沒關係。

以花藝鐵絲綁緊

將花藝鐵絲綁在 **14** 約1/3處，捲5至6圈。要綁緊一點，以免散開。

以剪刀裁剪花蕊

以手拿著有顆粒的一端，從彎摺處約2至3mm處剪掉。

塗上花藝用黏著劑

一邊壓住鐵絲部分，一邊將花藝黏著劑塗在切口處。這樣便能固定花蕊，即使放手，花蕊也不會散開。

組合花蕊

待花藝黏著劑乾後，輕輕將 **17** 的顆粒部分拉開。將 **13** 的下半部分塗滿黏著劑，埋入拉開的花蕊中，便完成了。

以燙器燙花①

將乾燥好的 **9** 花片放在燙墊上。以燙器按住花瓣前端（這裡使用二筋鏝），往中央滑動。

以燙器燙花②

依照 **19** 的方法將花瓣一片片燙好。訣竅是像要將燙器壓進燙墊裡一樣，往下壓燙。

製作穿花蕊的孔洞

製作要穿過花蕊鐵絲的孔洞（非洲菊要先將花瓣對摺，從中間剪約5mm深度的十字形切口）。。

組合花瓣和花蕊

將 **18** 的鐵絲穿過 **21** 剪好的洞。接著在花蕊外側塗上花藝黏著劑，將花蕊和花瓣黏合。

整理花瓣

將花瓣固定在塗有黏著劑的地方。趁黏著劑還沒乾時，以大拇指和食指整理好花瓣的形狀。

重疊花瓣

將所有的花瓣以黏著劑黏起來。以手圈住花朵，輕輕地整理好形狀（非洲菊要重疊三片花瓣）。

※使用燙器和染劑用熱水時，請小心不要燙傷。

以花藝膠帶來作花托

將花瓣後方的花蕊，以花藝膠帶捲起來，作成花托。以手撕下需要的分量，左右拉開，一邊拉一邊捲。

非洲菊完成

以鉗子從花托處的鐵絲剪下後，非洲菊布花就完成了。

將人造花的莖剪下

為了方便組合，要先行加工（作胸花時，要以斜口鉗從莖的頂端剪下）。有時也會依P.45的作法，重作一枝莖。

準備布花之外的材料

為了方便使用不凋花，須作前置準備（參閱P.44）。（這裡是將滿天星紮成束後，以鐵絲將花托處捲起，孔雀草則將高度剪齊）。

思考如何配置

將準備好的花放在襯底的葉片上，調整全體的平衡。以主要的花朵為中心，來配置其他的花材。**28**

黏合不凋花

決定好配置後，就將花材黏合。將不凋花擺在突出葉片的位置，擠上熱熔膠。熱熔膠約3分鐘便會凝固。

為人造花塗熱熔膠

接著在人造花背面塗上熱熔膠。為了避免黏好以後又掉落，塗上大量的熱熔膠吧！

黏合人造花

將塗有熱熔膠的人造花黏在不凋花上。沿著葉子緊緊黏合，就不會產生空隙，可黏得很漂亮。

黏合布花

將同樣在背面塗滿熱熔膠的布花，黏在人造花的旁邊。一邊考慮其他花材的空間，一邊黏合

黏第二朵布花

將接下來要黏合的布花塗上熱熔膠，從空位處將花擠進去黏合。

黏合胸針底座

以熱熔膠將胸針底座黏在葉片背面（參閱P.49）。底座五金要在布花和人造花都乾了以後再黏。

胸花完成

整理外形，使花與花間不要露出空隙，整理好後即完成。

布花的材料＆工具

本篇介紹製作布花必備的材料和工具。
組合不同材質的布料和燙頭，可以作出姿態豐富的布花。

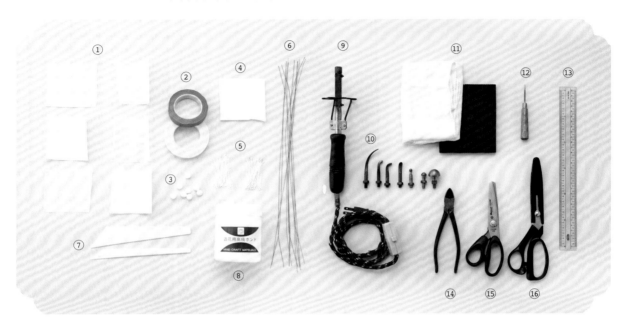

① 布

本書所使用的布（由左上起）有木棉布・天鵝絨布・府綢布・（由右上起）正絹緞布37.5克重・薄紗布・絨布六種。

② 花藝膠帶

花藝膠帶可以用來覆蓋鐵絲部分或黏著部分，本書使用的12mm綠色膠帶是最常見的。

③ 保麗龍球

製作花蕊時，當作中心使用。外面會包一層布。本書使用直徑10mm的保麗龍球。

④ 棉花

製作像海芋等花蕊較粗的花時，當作花蕊的蕊心使用。外層會再包一層布或花藝膠帶。

⑤ 人造花蕊

主要有用來表現雄蕊的扁頭花蕊・軟線花蕊・素玉花蕊等。

⑥ 花藝鐵絲

在布花的作法（P.34）中，使用的是＃30的鐵絲。數字越大，鐵絲就越細。

⑦ 刮勺

塗花藝黏著劑時使用的工具。要貼合兩片布時，也可以刮勺將空氣擠出，非常方便。

⑧ 花藝黏著劑

黏合布的黏著劑。使用花藝專用的黏著劑，可以黏得比較漂亮。以⑦的刮勺來刮取。

⑨ 燙器

用來加工使花瓣可以更加擬真生動的工具。請使用人造花用的燙器。

⑩ 燙頭

使用不同的燙頭和燙法，可以作出各種不同風姿的花瓣。燙頭可以從手工藝品店或人造花藝專賣店購買。

⑪ 燙墊＆木棉布

燙花瓣時專門用來襯墊的底台。柔軟且不會導熱到下方的海綿狀燙墊，要先以布包起來再使用。

⑫ 錐子

在花瓣中央穿洞，使花蕊可以穿過的工具。如果沒有錐子，也可以工藝錐針或尖錐來代替。

⑬ 長尺

用來測量紙型或作品的大小。因為會測量較大的尺寸，建議使用30cm左右的長尺。

⑭ 斜口鉗

剪鐵絲或飾品五金時使用。如果是紮成束的材料，請分次慢慢剪。

⑮ 布用花邊剪刀

邊緣是鋸齒狀的剪刀。很適合用來剪像康乃馨之類，花瓣邊緣是鋸齒狀的花。

⑯ 布用剪刀

剪布專用的剪刀，請準備刀片較利的剪刀。

布花的作法

本篇介紹本書中作品所使用的布花。
記住作法後，就來挑戰製作自己原創的飾品吧！

◆ 大理花

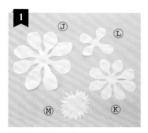

1 準備染劑染好的四種大理花花片（紙型在P.78），Ⓙ5片・Ⓚ3片・Ⓛ1片・Ⓜ3片。

2 將所有的花片中央部分，都以錐子打個能夠穿過花蕊用花藝鐵絲的洞。

3 以大拇指和食指捏住花瓣，一片片地由外側往中央垂直捲起來。

4 將**3**翻面，以指尖捏住花瓣兩側，以摩擦的方式捲起來，作出花瓣的形狀。

5 將花片放在燙墊上，以三筋鏝從花瓣邊緣往中央燙。捲起來的部分也要燙到。

6 翻面後，以鈴蘭花鏝燙花瓣的邊緣。將ⒿⓀⓁ所有的花片都依**3**至**5**的步驟製作。

7 將用來當花瓣中心的Ⓜ花片以小瓣鏝燙。將燙器從花瓣邊緣往中心移動。

8 以花藝鐵絲穿過要當作花蕊的保麗龍球中心，對摺後，在花托處扭轉兩至三圈。

9 將**8**的花藝鐵絲穿過**7**花瓣的洞，如圖以刮勺在保麗龍球上塗上花藝黏著劑。

10 花瓣和保麗龍球黏合後，依Ⓜ→Ⓛ→Ⓚ→Ⓙ的順序，依序將花瓣方向錯開，黏合在一起。

11 一邊將保麗龍球壓緊，使黏著劑確實將花瓣黏著固定，一邊整理花朵的外形。

12 碩大凜然的大理花完成了。花瓣的開合程度＆方向有些參差不齊，會更有真實感。

◆ 海芋

1

準備染色好的花瓣兩片和花心一片（紙型為P.79的Ⓣ和Ⓤ）。

2

將花瓣背面塗上熱熔膠，將兩片布緊緊黏合在一起。

3

以刮勺將表面刮平，使兩片布之間的空氣排出後，放置一小時等待乾燥。

4

製作花蕊。將花藝黏著劑塗在花藝鐵絲上，再捲上一層棉布，增加厚度。

5

將花蕊用的布塗上花藝黏著劑，捲在 **4** 上。小心的黏合邊緣，不要讓棉布露出來。

6

將燙器沿著 **3** 的花瓣邊緣燙出反摺的痕跡。將燙器放平，從內側往外側滑動。

7

以大拇指將燙器燙過的花瓣邊緣往外彎，看起來會更擬真。

8

將 **5** 的花蕊放在塗好黏著劑的花瓣中心下方，將花瓣包起來黏好。擺放的位置要能夠看見一半的花蕊。

9

撕下適量的花藝膠帶，左右拉開後，一邊拉一邊將花瓣和花蕊重疊部分的下方捲起來。

10

一直捲到花蕊的底端。

11

將鐵絲部分包一層棉布，調整成和花蕊同樣的粗細，作成花莖。接著以花藝膠帶捲起來。

12

有著淡雅色澤的漂亮海芋就完成了。掌握染色的程度，是使布花更接近真實花朵的祕訣。

◆ 繡球花（4種 ⓐⓐ'ⓑⓑ'）

1 準備四片染色好的繡球花花片（紙型為P.78的ⓞ大）。

2 以錐子在花瓣中央穿個洞。

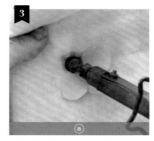

3 繡球花的燙花方式有兩種。
ⓐ 將三分圓鏝壓在一片花瓣的中央。
ⓑ 將五分圓鏝壓在一片花瓣的中央。

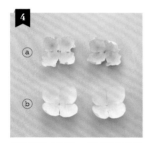

4 製作ⓐⓑ各兩片。利用這樣的燙花方式，就可以作出有皺褶的花瓣ⓐ和圓潤的花瓣ⓑ。

5 準備人造花蕊，整理好後對摺，分成四等分。

6 將**5**的花蕊，分別從ⓐⓑ花瓣的正反面穿過。圖為穿到一半的樣子。

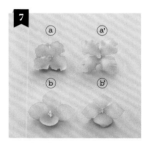

7 四種繡球花完成。以比花瓣小的燙頭燙，就會比較有皺褶；以比較大的燙，就會變得圓潤，學起來後就可以應用看看。

◆ 紫羅蘭（2種 ⓐⓑ）

1 準備染色好的紫羅蘭花片（紙型為P.78的Ⓝ大）兩片，以錐子在中央穿個洞。

2 依照繡球花的作法製作，一片花瓣以三分圓鏝燙，另一片以五分圓鏝燙。

3 以人造花蕊製作花蕊。將人造花蕊對摺，分成兩等分，穿過**2**的洞中。圖為穿到一半的樣子。

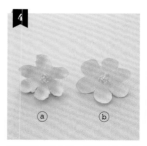

4 兩種紫羅蘭完成。像真實的花朵一樣，以染成白色、粉紅色、紫色等的花片，作出各種繽紛的紫羅蘭吧！

◆ 白花苜蓿

1 準備五片染色好的白花苜蓿花片（紙型為P.77的Ⓗ）。

2 將花瓣一片片以指尖像要捏起來一樣搓圓，作出花瓣的外形。

3 **2** 對摺，將摺對半的花藝鐵絲勾在花瓣中央的凹槽中。

4 再將 **3** 對摺，變成1/4大小。圖片是摺好後的樣子。

5 再將 **4** 對摺，摺成如圖的1/8大小。

6 將另一片花片摺對半，其中一面的下方塗上黏著劑，如圖捲在 **5** 的周邊。

7 剩下的三片花片也和 **6** 一樣，一邊重疊一邊調整成圓形的花形。

8 小巧可愛的白花苜蓿就完成了。因為將布對摺再重疊，呈現出獨特的圓形。

◆ 勿忘我（2種 ⓐ ⓑ）

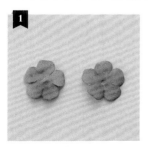

1 準備染色好的勿忘我花片（紙型為P.77的Ⓖ）兩片，以錐子在中央穿個洞。

2 兩片花瓣以鈴蘭鏝用不同的方式燙製。
ⓐ 以燙器燙花瓣中央。
ⓑ 將五片花瓣一片片地燙製。

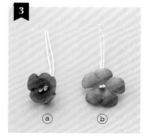

3 將對摺的花蕊從ⓐ表面和ⓑ背面的洞中穿過，就完成兩種白花苜蓿了。

◆ 菊花

1 準備所需數量的染色菊花花片。菊花花片使用和基本作法中的非洲菊同樣的紙型（紙型為P.77的Ⓓ Ⓔ Ⓕ）。

2 將所有花瓣中央都以錐子穿個洞。

3 以小瓣鏝從花瓣邊緣往中央滑動燙製。

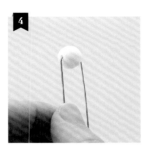

4 製作花蕊。將花藝鐵絲穿過保麗龍球中，對摺兩半。

5 將鐵絲底端扭轉兩三圈固定，從花瓣上方穿過中央的孔洞。

6 在作為花蕊的保麗龍球上塗滿花藝黏著劑，以手指輕壓，使花瓣黏合。

7 將黏在保麗龍球上的布團上黏著劑，一層層地黏上花瓣。

8 所有的花瓣黏好後，菊花就完成了。花瓣不要黏得太整齊，要有些參差不齊的樣子。

◆ 康乃馨

1 準備染色好的康乃馨花片（紙型為P.79的Ⓠ）十片，以錐子在中央穿個洞。裁剪時使用花邊剪刀。

2 以三筋鏝燙一片花瓣的兩側。燙器要由外側往中央滑動。

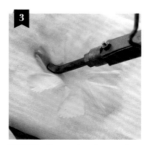

3 將 **2** 翻面後，因為兩側已經有紋路，以三筋鏝再於紋路的內側燙兩條紋路。

4 製作花蕊和花莖。花瓣對摺，將對摺的鐵絲勾在中央的凹槽處。

將 **4** 對摺再對摺，摺成如圖的 1/8大小。

在花瓣底端塗上花藝黏著劑後，將花瓣層層黏合。

每黏一次花瓣，都要整理好花形，慢慢將十片花瓣黏好。

成功重現波浪感的康乃馨完成了。因為使用花邊剪刀，可以將花瓣的鋸齒模樣表現得更真實。

◆ 蒲公英

準備一片剪成寬2cm×長25cm，染成黃色的布。

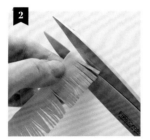

尾端留約5mm，以剪刀間隔1mm剪切口。

將表面（毛絨絨那面）朝上，以食指將花瓣往下壓成弧形，作出花瓣的外形。

將對摺的花藝鐵絲，勾在第一個切口上。

一邊旋轉對摺的鐵絲，一邊正面朝內將布條捲起來。

中途要以花藝黏著劑一邊黏一邊捲。注意捲好後，花的底部要呈筆直狀。

將收合處以黏著劑固定好後，以大拇指將花瓣推開，整理好形狀。

纖細花瓣十分擬真的蒲公英完成了。仔細地剪切口，便可以作出蒲公英的感覺。

◆ 矢車菊

1 準備染色好的花瓣三片和花心兩片（紙型為P.79的Ⓡ和Ⓢ）。在花心的中央穿個洞。

2 以捲邊鏝沿著花瓣邊緣燙製。將燙器往外側滑動，以燙到邊緣。

3 將 **2** 翻面，以指尖像要搓在一起的樣子，將兩側往內搓圓，作出花瓣的外形。

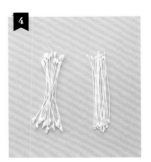

4 準備好當花蕊（雄蕊）的扁頭花蕊（左）和軟線花蕊（右），將花蕊全部紮成一束。

5 將紮好的花蕊對摺，以對摺兩半的花藝鐵絲穿過花蕊彎摺的部分，底部轉緊。

6 花心以小瓣鏝燙，將燙器由邊緣往中心滑動。

7 將 **5** 從 **6** 花心的孔洞上方穿過。

8 在 **7** 的周圍隨意擺上和 **4** 同樣分量的兩種花蕊，以鐵絲捲兩三圈固定。

9 在 **8** 上再穿過一片花心，以花藝黏著劑黏在花蕊外側。

10 花瓣對摺，以剪刀在中央剪個十字形切口。

11 將三片花瓣錯開重疊穿過 **9**，黏合花瓣。

12 以花藝膠帶將鐵絲包起來後，矢車菊就完成了。只要仔細照著紙型剪，就能作得很漂亮。

葉子的材料&作法

用來黏著飾品五金，作為襯底的葉子，有蒲公英專用・其他花卉用葉（大・中・小・極小）五種
（紙型在P.77・79）。請依飾品的大小選擇使用。

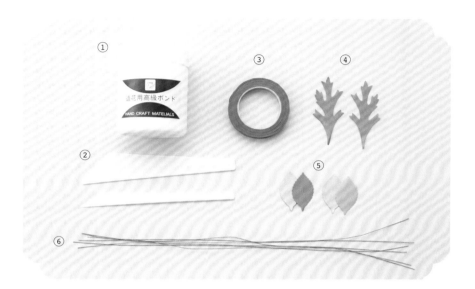

① 花藝黏著劑
用來黏合布的材料。使用花藝專用的黏著劑。

② 刮勺
塗花藝黏著劑或將重疊的葉片整平時使用。

③ 花藝膠帶
用來黏合葉子或包鐵絲時使用。色彩選擇淺綠色。

④ 木棉布（蒲公英用）
蒲公英使用木棉布。依P.77紙型①剪下兩片木棉布，染成綠色（使用綠色染劑）。

⑤ 花藝用合成皮布（其他花卉用葉）
分別依P.79的紙型Ⓟ剪裁的合成皮布（淺綠色和綠色）。

⑥ 花藝鐵絲
夾在兩片葉片之間，用來當作莖。

◆ 葉子的作法

1
將剪好並染色的葉片，分別以刮勺塗上花藝黏著劑，在中央擺一支花藝鐵絲。

2
將另一片葉子黏合，夾住鐵絲。以刮勺將布刮平。

3
以花藝膠帶從 **2** 葉子底端捲到鐵絲末端。

4
蒲公英的葉子（左）・其他葉子（右）完成了。

布花的染色法

學會基本的染色法後，接著來學習暈染法吧！
等到熟練後，就來挑戰以喜歡的顏色調和獨特的色彩吧！

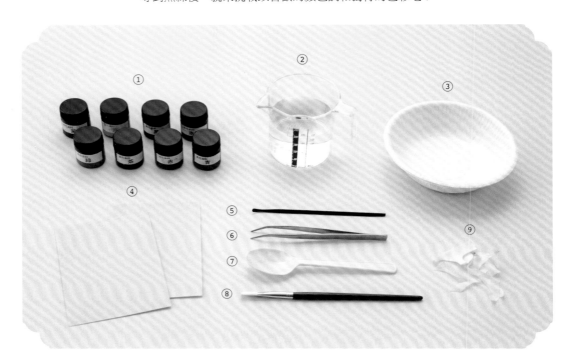

① 染劑
用來染布的材料。本書使用的染劑有紫紅‧綠‧黃‧褐‧紫‧紅‧黑‧藍八種。

② 量杯&熱水
以量杯量好熱水的分量後，用來溶化染劑。依染劑的使用方式選擇涼水或溫水。

③ 白色盤子
以熱水溶化染劑時使用。為了清楚辨識染劑的顏色，建議使用白色盤子或紙盤。

④ 稻草紙
用來墊在染色的布花下方，使布花乾燥。使用容易吸水的報紙也OK。

⑤ 細匙
用來舀染劑的工具。使用一匙可以舀約0.5g左右染劑的細匙。

⑥ 鑷子
布要沾染劑時，以鑷子來夾布。注意染劑不要沾到手或衣服上。

⑦ 白色湯匙
用來拌勻染劑和熱水的工具。建議選用不會被染劑染色的塑膠製湯匙。

⑧ 毛筆
作暈染時使用。使用小型的平頭毛筆，就可以染得很漂亮。

⑨ 碎布
試染用的布。請使用和實際使用的布同一種布來試。

※染劑的基本分量……本書使用的染劑約2.5g：熱水約200mℓ。
※染劑的基本分量依各家廠商不同，請參考說明書使用。

◆ 基本的染色方式

1 準備好想染的顏色染劑和工具。

2 以細匙舀約2.5g的染劑，放入盤子中。

3 倒入約200㎖的熱水。如果溫度太低，染劑可能會溶不開，所以一定要使用熱水。

4 以湯匙將染劑和水充分攪拌均勻，使染劑完全溶化在水中。

5 試染。使用實際要用的布的碎布。染好的布如果顏色太深，可以添加熱水；如果太淺，可以加入另外調好較深的染劑來調整。

6 確定好染劑的濃度後，就可以染布了。以鑷子夾起布，從邊緣慢慢沾取染劑。小心不要有漏白之處。

7 確定好沒有漏白的地方，就將花片攤開在稻草紙上。

8 放在稻草紙上約1小時，乾燥後染色就完成了。

◆ 混色的方法

1 將要使用的染劑分別取約2.5g放入盤子中（這裡使用褐+綠+黃來染色）。

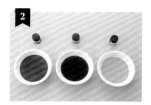
2 分別倒約200㎖熱水到**1**的盤子中，以湯匙拌勻。

3 將**2**調好的三種顏色，以1：1：1的比例混合。

4 以混合好的**3**，試染花片看看吧！

◆ 暈染的方法

為了讓花朵有更多表情，可以作暈染。將整片布染好底色後，趁染劑還沒乾，再疊上新的顏色。

ⓐ ⓑ ⓒ

ⓐ 示範繡球花和紫羅蘭等花卉使用的暈染法。以毛筆沾一些比布還深色的染劑，在花片中央稍微點一下。

ⓑ 示範多瓣花較有效果的暈染法。以沾了染劑的毛筆，分別在四片花瓣的前端染色。

ⓒ 在海芋花片的下方，重覆疊上顏色，使顏色滲入布中，看起來會更像真花。

不凋花&人造花

為作品增添立體感和華麗感的花。
思考與布花的搭配程度，愉快地組合看看吧！

不凋花

繡球花
紮成束後相當有分量，可以一朵朵地剪下來穿插在縫隙中，十分多樣化。

咪咪草
雖然是配角，但只要添加少量，便可以整合全體平衡。

兔尾草
蓬鬆柔軟的質感，只要一枝，便能使整個作品洋溢柔和的氛圍。

荷蘭芹
想要全部使用白花時，可以大朵布花搭配荷蘭芹，花朵有大有小更添生動感。

滿天星
如鮮花般能夠增添夢幻感而十分活躍的滿天星，顏色和類型也很豐富。

樺木葉
最適合用來為捧花增添垂直向&豐厚感的綠葉。

◆ 不凋花的綑紮法

1

將成束的花適量分開，調齊高度後，以手拿好。

2

將莖的底端以花藝鐵絲捲起來。以斜口鉗從非常接近鐵絲下方的位置，將莖剪斷。

3

以花藝膠帶從花的底端，一直捲到鐵絲末端。

4

不凋花就漂亮地紮好了。

什麼是不凋花
不凋花是指以特殊技術將鮮花加工的花。它的特色是保留鮮花原本的水嫩色澤，因此能夠長時間欣賞。由於不凋花的性質比人造花細緻，適合用來製作參加婚禮或派對等特別場合的飾品。因為不耐濕氣，記得放入密閉容器中保存。

什麼是人造花
人造花是指以布或塑膠作成像鮮花的花。比不凋花堅固且好用，可以運用在服飾、房間裝飾等各種場合。不只有單枝花，也有將風格相近的花成束販售的人造花。適合製作想表現存在感及豐富分量的作品。

人造花

亞麻籽
作耳環等小物時，可以剪一朵來用，捧花等較大的作品則整束使用。

迷你玫瑰綜合花束
以玫瑰為主角，加上數種花卉作成花束的便利人造花。製作大型作品時使用，可以增添華麗感。

紫薊
想表現出懷舊氛圍時，可以添加看看。

合歡花
顏色和形狀都很可愛的合歡花，最適合以在想表現出可愛氣息的作品。

蠟菊
想為淺色系作品增添鮮豔色彩，可以添加看看。

蓮草花
以田菁樹的皮加工製成的花。可以欣賞到和布花及一般人造花不同的質感。

白芨
形象素雅的白芨。想作出從原野摘下的花束感時，可以使用看看喔！

◆ 人造花莖的作法

將需要的花留下1cm長的莖，其餘剪下。

花托處以花藝鐵絲捲起來，捲好後沿著莖往下收。

以花藝膠帶從花托處往下捲到鐵絲末端。

人造花的莖完成了。

飾品配件的組合方法

只需添加一件，就能表現出高級感的配件類。
悄悄為作品增添恬淡色彩，提升時尚感吧！

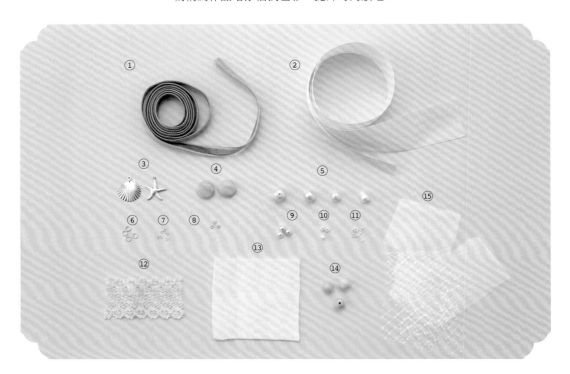

① 天鵝絨緞帶
本書使用6mm寬及25mm寬的緞帶。用於作為捧花的把手或花冠的緞帶。

② 絲質緞帶
本書使用13mm寬及36mm寬的緞帶。絲質緞帶可以為作品增添高雅感。

③ 貝殼形墜飾‧
　海星形墜飾
用於為飾品增添特色的材料。

④ 硬幣形天然石
本書使用直徑16mm的天然石。想要為布花增添對比及鮮明感時使用。

⑤ 棉花珍珠
本書使用直徑14mm‧直徑12mm‧直徑8mm的棉花珍珠。要將珍珠串在一起時，會使用鉗子。

⑥ O圈
本書使用直徑5mm的O圈。要將珍珠串在一起時，會以鉗子打開。

⑦ C圈
本書使用0.5×2×3mm的C圈。要將珍珠串在一起時，會以鉗子打開。

⑧ 花形扁珠
作成花形的金色珠珠。可以插入配件和配件間，增加特色。

⑨ 半洞珍珠
本書使用直徑6mm的半洞珍珠。只有一邊有洞的珍珠，適合用來作穿式和夾式耳環。

⑩ 珍珠
本書使用直徑6mm的珍珠。在細節部分添加珍珠，讓飾品看起來更華麗。

⑪ 淡水珍珠
本書使用直徑1mm和3mm的淡水珍珠。淡水珍珠比一般珍珠硬且堅固，適合平常佩戴的飾品。

⑫ 蕾絲
用來黏在飾品五金上，或作為布花‧不凋花的襯底。

⑬ 不織布
用來黏在飾品五金上，或作為布花‧不凋花的襯底。

⑭ 木珠
本書使用直徑10mm的木珠。想要增添自然感時，可以使用木製的珠子。

⑮ 網紗
為了使飾品看起來比較可愛，可以鋪在布花或不凋花的下方。

◆ 絲質緞帶＆網紗的摺疊法

將緞帶從一端約5cm處摺起，如圖將彎摺處的位置上下錯開，重疊幾次。

摺四至五次後，在重疊處的內側一個個地塗上熱熔膠，將緞帶固定，避免散開。

網紗也以相同方式摺疊。塗上熱熔膠後，再以鉗子壓緊，網紗就會黏合了。

依照飾品不同的配置位置，來變化摺疊的方式吧！

◆ 網片和珍珠的縫合方法

將釣魚線從背面穿過網片內側的孔洞。在另一條釣魚線的一端穿入擋珠（參閱P.50）。

■以釣魚線穿過珍珠，排滿網片寬度後，再將釣魚線從珍珠對向的外側孔洞，由正面穿到背面。

一邊考量可以使珍珠漂亮排列的位置，再次從背面將釣魚線穿過內側的孔洞，重複幾次 ②。

排列多種不同大小的珍珠，就能作出富有立體感的作品。

◆ 相框胸針的繡球花接合方法

將珍珠穿入藝術銅線（參閱P.53）中，將銅線對摺，由正面穿過花瓣花片中央的孔洞。

留下約2mm長度的銅線，以斜口鉗將多餘的銅線剪下。

以手指將銅線沿著花瓣彎摺收起。

在銅線部分塗熱熔膠，黏在相框胸針的不織布上即完成。

飾品五金的組裝方法

用來將布花加工成飾品的五金類型非常多，
就從可以熱熔膠黏著的簡單作品開始吧！

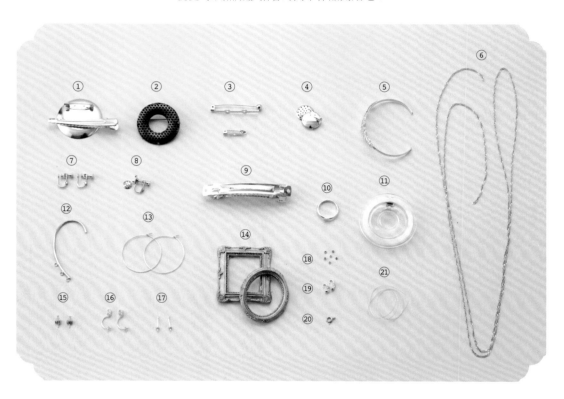

① 胸花底座（圓形平台33mm／附髮夾）

② 金屬網片（甜甜圈形／直徑38mm）

③ 胸花別針（46mm・20mm）

④ 金屬網片（直徑15mm）

⑤ C形手環五金（附底托）

⑥ 項鍊用鍊條

⑦ 夾式耳環五金（螺旋平台）

⑧ 夾式網片耳環（8mm）

⑨ 髮夾五金（80mm）

⑩ 戒指底座（平台8mm）

⑪ 釣魚線

⑫ 耳鉤五金（附3個O形圈）

⑬ 圈式耳環五金（直徑40mm）

⑭ 相框造型配件（四方形40×55mm・橢圓形40×50mm）

⑮ 耳針耳環五金（平台）

⑯ 後扣耳環五金（凸針）

⑰ 耳針耳環五金（凸針／只有耳針部分）

⑱ 擋珠

⑲ 收尾帽

⑳ 圓形釦頭（直徑5.5mm）

㉑ 藝術銅線

◆ 使用熱熔膠槍的黏著方法

1 將五金零件塗上熱熔膠。不過別針很細，要注意不要燙傷。

2 在完成的作品背面黏合**1**。多數的作品可以這個方法來黏著飾品五金。

◆ 後扣耳環五金（凸針）的黏著方法

1 準備兩片中央穿洞的同類型花瓣，一片穿花蕊，另一片插入後扣耳環五金中。

2 在後扣耳環五金上塗熱熔膠，將穿有花蕊的花瓣黏合在上方即完成。

◆ 耳針耳環五金（平台）的黏著方法

1 準備兩片配合作品大小的葉子，一片如圖般以錐子穿洞。

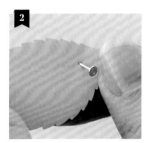

2 將耳針從葉子正面**1**（顏色較深那面）插入洞中。

3 插好固定後，在平台部分塗上熱熔膠。

4 將另一片葉子如圖般，些微錯開位置黏上上面，耳環的底座就完成了。在葉子上裝飾喜歡的布花吧！

◆ 夾式耳環五金（螺旋平台）的黏著方法

1 在布花花片中央塗上熱熔膠。

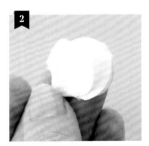

2 摺成四褶，以手壓住布片，防止花瓣散開，使熱熔膠可以黏合。

3 五金平台部分塗上熱熔膠後，夾在第一片和第二片花瓣中間，將花瓣黏合。

4 底座完成了，以布花和不凋花來作成飾品吧！

◆ 項鍊用鍊條的組合方法

1
在布花花片中央穿好洞後，將穿有鋼珠的T字針（參閱P.53）從正面穿過。

2
將**1**翻面，如圖將T字針的尾端以鉗子摺成一個圈。

3
將鍊條距離末端約1cm的圈圈穿過T字針。

4
以斜口鉗將T字針多餘的部分剪掉，切口部分扭轉成圈後即完成。隔一些間隔，將花瓣穿在項鍊上吧！

◆ 擋珠和收尾帽的組合方法

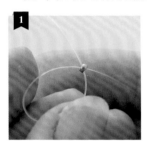
1
將釣魚線的兩端從擋珠左右兩邊穿過，使釣魚線形成一個圈。

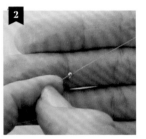
2
拉緊釣魚線兩端，使擋珠卡在釣魚線上，固定好擋珠。

3
以尖嘴鉗夾住擋珠，水平壓扁。它可以作為收尾帽的停止點。

4
將收尾帽穿過釣魚線後，將擋珠藏在收尾帽中，以尖嘴鉗將收尾帽兩半閉合在一起。

◆ 蕾絲底飾的黏著方法

5
收尾帽完成了。它可以用來連接配件和飾品五金。

6
圖片是以收尾帽連接項鍊和珍珠的作品。

1
製作需要以蕾絲為底飾的作品時，先將五金零件擺在蕾絲上，將五金的連接部分塗上熱熔膠。

2
將蕾絲對摺黏合後，底飾就完成了。在蕾絲上黏一些布花吧！

捧花的製作重點

將喜歡的花作成捧花吧！
以鐵絲紮成一束，再綁個可愛的蝴蝶結。

◆ 緞帶的捲法

將紮好的花束綁上緞帶裝飾。以斜口鉗將莖剪成可以以手掌完全包覆的長度。

從莖一半的位置開始捲。如圖將緞帶橫放，把莖包覆起來。

為了改成往橫向捲，從正面將緞帶反摺成一個三角形，讓緞帶依逆時針開始捲。

往下一直捲起來。

捲到莖的末端後，接著再往上捲。

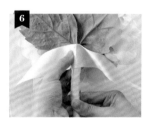

捲到葉子底端後，如圖在背面中央塗熱熔膠黏起來。注意不要讓緞帶扭成一團。

將圈形的緞帶以剪刀剪成相同長度。

在花朵底端再打個蝴蝶結，捧花就完成了。

◆ 表現立體感的方法

將一定數量的花朵紮成束，就可以從底端牢牢握住。以這個位置為軸心，利用之後添加的花卉位置和角度，帶出立體感。

將新添加的花擺在花朵底端垂直的方向。添加的花要放在底端稍微往下的位置，才能表現出立體感。

牢牢壓緊紮好的花朵底端，將花莖沿著其他花朵的莖彎摺。其他花朵的添加方式也一樣。

最後，從背面壓幾片葉子，將所有花材以鐵絲從底端捲好固定。

花冠的製作重點

花冠的組合方式和其他飾品有些不同。
一邊衡量每朵花的平衡，一邊將花層疊上去吧！

◆ 墜飾的作法

為了使墜飾更容易組合在花冠上，先作一點加工。將花藝鐵絲穿過墜飾的O形圈，對摺後扭緊固定。

一直扭轉到末端後，再以花藝膠帶從墜飾底端開始捲起來。

◆ 繡球花的整理方法

花冠的繡球花是四朵一束。準備四朵以布花作好的繡球花，將花蕊紮起來。

以花藝鐵絲將花蕊捲起來，再以花藝膠帶從花托處捲好作成莖，就完成了。準備需要的繡球花數量來製作吧！

◆ 花和墜飾的連接方法

組合花冠。先將第一朵花的莖以花藝膠帶捲幾次後，將第二朵花放在後面的膠帶上，兩朵一起捲起來。

重覆 **1** 的動作，將花朵連接成冠狀。這邊也可以連接不同的花，不過使用同一種花看起來比較簡約。

中間插入墜飾。如果墜飾會碰到頭，可以插在正面之外的位置。

將所有的材料連接好後，以花藝膠帶將剩下的2cm鐵絲包起來。

◆ 緞帶的連接方法

加裝緞帶，以方便配戴。以斜口鉗從最後一朵花的花托1cm處剪下。

將緞帶放在像是可以包覆外側花莖的位置，以花藝膠帶將緞帶捲起來固定。

另一邊也接上緞帶。

打個蝴蝶結後，花冠就完成了。戴在頭上時，可以緞帶調整成適當的大小，再打結固定。

作品的材料 & 作法

本篇介紹本書中所介紹的作品材料和製作方法。

作為主角的布花，請參考P.34至P.40的作法。

包括人造花和不凋花，

以喜歡的花來變換創作吧！

<目前尚未介紹的材料使用方式>

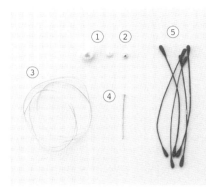

① 珍珠
花蕊用（直徑2mm和4mm）。
搭配藝術銅線使用。

② 銅珠
花蕊用（直徑2mm）。
搭配藝術銅線使用。

③ 藝術銅線
用來連接作為花蕊的珍珠或銅珠時使用，
是以銅線加工的線。

④ T字針
將作為花心的銅珠連接在布花上的材料。
將尾端摺圓，也可以連接在項鍊上。

⑤ 素玉花蕊
用來表現花蕊的雄蕊。

<製作時的注意點>

・作法沒有特別標示的，請使用「布花作法」的完成品。
・布花的紙型Ⓐ至Ⓤ刊載在P.77至P.79。
・關於「染劑」顏色的比例（綠1：藍1），是以染劑約2.5g兌熱水約200㎖，
　作成雙色的染劑溶液，請依照此比例來製作所需比例的染劑溶液。
・不改變布的顏色直接使用時，就不會標示花藝染劑。
・各作品材料中的花藝鐵絲尺寸，如沒有特別標示，均為「#30」。
・各作品材料中的花藝膠帶顏色，如沒有特別標示，均為黃綠色。

01

Mixed Flower Bouquet

（作品頁數：P.6至P.7）

◆ 布花的材料

海芋 .... 2朵份（作法P.35）
　花瓣布（正絹緞布37.5克重／11×9cm）
　.. 紙型 ⓣ 4片
　花心布（天鵝絨布9×3mm）......... 紙型 ⓤ 2片
　花瓣染劑 藍1
　花心用棉布（寬1×長5×厚0.2cm）
　.. 2片
　花藝鐵絲（#24）...................................... 2支
　花藝膠帶（綠色）.................................... 適量

非洲菊 .... 1朵份（作法P.30至P.32）
　花瓣布（府綢布／最大13×13cm）
　.......................... 紙型 Ⓐ 2片、Ⓑ 2片、Ⓒ 4片
　花心布（天鵝絨／4×4cm）...................... 1片
　花心染劑 .... 黃1：綠1
　扁頭花蕊（黃）.. 1枝
　花藝用保麗龍球 1顆
　花藝鐵絲（#24）...................................... 1支
　花藝膠帶（綠）.. 適量

康乃馨 .... 2朵份（作法P.38）
　花瓣布（薄絹布／10×10mm）... 紙型 Ⓠ 20片
　花瓣染劑 .... 紫紅1：綠1：黃1
　花藝鐵絲（#24）...................................... 2支
　花藝膠帶（綠）.. 適量

大理花 .... 1朵份（作法P.34）
　花瓣布（府綢布／最大13×13cm）... 紙型 Ⓙ 5
　片、Ⓚ 3片、Ⓛ 1片、Ⓜ 3片

　花瓣染劑 .... 紫紅1：綠1：黃1
　花藝用保麗龍球 1顆
　花藝鐵絲（#24）...................................... 1支
　花藝膠帶（綠）.. 適量

矢車菊 .... 2朵份（作法P.40）
　花瓣布（木棉布／8×8mm）......... 紙型 Ⓡ 6片
　花心布（木棉布／4.5×4.5cm）... 紙型 Ⓢ 4片
　花瓣染劑（暈染）

　.................................... 底色／綠1：褐1：黃1/3
　　　　　　　　　　（全部混勻後稀釋三倍）
　.. 暈染色／紫1：藍1
　花心染劑 黑1
　扁頭花蕊（紫）.................................... 1/2枝
　軟線花蕊（白）.................................... 1/2束

葉子 .... 3片份（作法P.41）
　花藝用合成皮布（綠）............. 紙型 Ⓟ 大6片
　花藝鐵絲（#24）...................................... 3支

◆ 使用的人造花

合歡花（人造花）...................................... 3枝
紫薊（人造花）.. 3枝
白芨（人造花）.. 2枝

◆ 飾品材料

鐵絲 1支
天鵝絨緞帶（粉白色／寬6mm）
　.. 3m
天鵝絨緞帶（粉白色／寬25mm）
　.. 1m

作法

❶ 人造花作好前置準備（參閱P.45）。
❷ 將三片葉子位置稍微錯開，黏合在一起。
❸ 依合歡花→白芨→紫薊及高低順序，依序重疊，以手握緊。
❹ 在❸的中央配置海芋，以海芋為中心，左邊配矢車菊，右邊和左下為康乃馨。
❺ 下方康乃馨的左邊配置非洲菊，右邊配置大理花。
❻ 將下面三朵花的鐵絲往前方彎摺。
❼ 在❻的後方配置❷，以鐵絲從下方並排的三朵布花稍微上面一點的位置捲起來。
❽ 把手以天鵝絨緞帶（25mm寬）由下往葉子底端捲（參閱P.51）。
❾ 將緞帶兩端以黏著劑黏在花托處。連接成圈的部分，以剪刀剪成兩半。
❿ 將天鵝絨緞帶（6mm寬）摺三摺，總長1m長，綁在花托處就完成了。

Point
不只是正面構圖，從旁邊看也要形成立體的輪廓。將綁花方式作得比較散亂一些，可以表現出剛剛將花摘下的感覺。

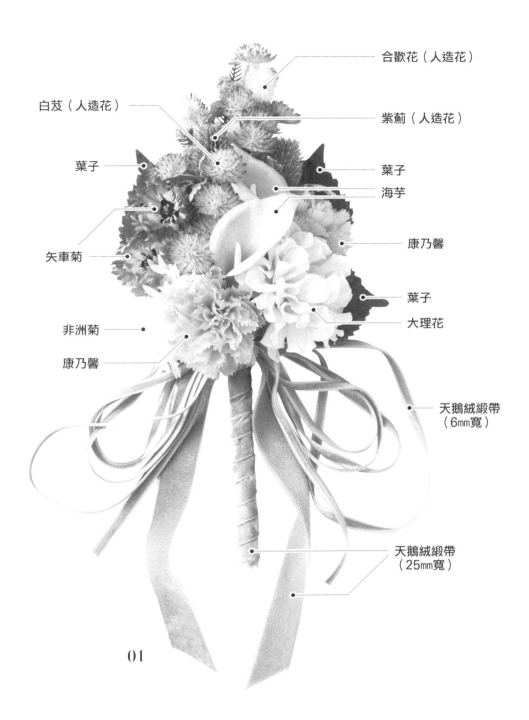

合歡花（人造花）

白芨（人造花）

紫薊（人造花）

葉子

葉子

海芋

矢車菊

康乃馨

葉子

非洲菊

大理花

康乃馨

天鵝絨緞帶
（6mm寬）

天鵝絨緞帶
（25mm寬）

01

02

Dahlia Corsage with Tulle Lace

（作品頁數：P.8）

◆ 布花的材料

大理花 ·········· 1朵份（作法P.34）
　花瓣布（府綢布／最大13×13cm）
　　·········· 紙型 ⑦5片、Ⓚ3片、Ⓛ1片、Ⓜ3片
　花瓣染劑 ·········· 紫紅1.3：綠1：黃1
　花藝用保麗龍球直徑10mm ·········· 1顆
　花藝鐵絲 ·········· 1支
葉子 ·········· 1片份（作法P.41）
　花藝用合成皮布（綠／16.5×12cm）
　　·········· 紙型 Ⓟ 大2片

◆ 使用的不凋花（PF）

滿天星（白） ·········· 3枝
滿天星（金） ·········· 1枝

◆ 使用的人造花

迷你玫瑰綜合花束 ·········· 1束

◆ 飾品材料

胸針底座五金（平台33mm／附髮夾）
　·········· 1個
網紗（大網目・小網目／5×50cm） ·········· 各1片

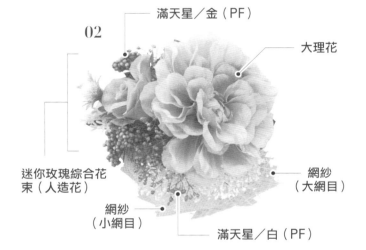

滿天星／金（PF）

02

大理花

迷你玫瑰綜合花束（人造花）

網紗（大網目）

網紗（小網目）

滿天星／白（PF）

作法

❶ 不凋花作好前置準備（參閱P.44）。將大理花和葉子的鐵絲從花托底端剪下。

❷ 將兩種網紗重疊，錯開彎摺處，摺五摺（參閱P.47），黏合在橫放的葉子下方。

❸ 在❷上將滿天星（白）朝下黏合。

❹ 將迷你玫瑰綜合花束黏在左上方。

❺ 將大理花的花瓣展開，黏在❹的旁邊。

❻ 將滿天星（金）像要埋在❹和❺間一樣，黏合在其中。

❼ 在葉子背面黏上胸針底座即完成（參閱P.49）。

> **Point**
> 將作為襯底的葉子換成蕾絲或不織布，氣質會變得比較柔和。

背面

胸針底座五金

葉子

03 至 04

Chrysanthemum Corsage

03〈菊花胸花 大〉

◆ 布花的材料

菊花 ································· 1朵份（作法P.38）
　花瓣布（木棉布／最大9×9cm）
　　········· 紙型 Ⓓ 10片、Ⓔ 3片、Ⓕ 3片
　花瓣染劑 ·············· 紫紅1.3：綠1：黃1
　花藝用保麗龍球直徑10mm ·········· 1顆
　花藝鐵絲 ······························ 1支
白花苜蓿 ························· 5朵份（作法P.37）
　花瓣布（府綢布／6×6cm）········ 紙型 Ⓗ 25片
　花瓣染劑 ·············· 綠1：褐1：黃1/3
　　　　　　　　　　（全部混勻後稀釋三倍）
葉子 ································· 1片份（作法P.41）
　花藝用合成皮布（綠／11.5×8.5cm）
　　································· 紙型 Ⓟ 中2片

◆ 使用的不凋花（PF）

滿天星（金）·························· 1枝

◆ 飾品材料

胸針（46mm）························ 1個

04〈菊花胸花 小〉

◆ 布花的材料

菊花 ································· 1朵份（作法P.38）
　花瓣布（木棉布／最大9×9cm）
　　················· 紙型 Ⓔ 10片、Ⓕ 3片
　花瓣染劑 ·············· 紫紅1.3：綠1：黃1
　花藝用保麗龍球 ···················· 1顆
　花藝鐵絲 ···························· 1支
白花苜蓿 ························· 3朵份（作法P.37）
　花瓣布（府綢布／6×6cm）········ 紙型 Ⓗ 15片
　花瓣染劑 ·············· 綠1：褐1：黃1/3
　　　　　　　　　　（全部混勻後稀釋三倍）
葉子 ································· 1片份（作法P.41）
　花藝用合成皮布（綠／9×6.5cm）
　　································· 紙型 Ⓟ 小2片

◆ 使用的不凋花（PF）

滿天星（金）························ 1/3枝

◆ 飾品材料

胸針（46mm）························ 1個

03

葉子　　白花苜蓿

菊花

滿天星（PF）

作法

共通

❶ 不凋花作好前置準備（參閱P.44）。將菊花・白花苜蓿和葉子的鐵絲從花托底端處剪下。

❷ 將葉子橫放，滿天星朝下黏在左下方。

❸ 在❷的右半邊黏上菊花。

❹ 將白花苜蓿在左半邊黏成半圓形。

❺ 在葉子背面黏上胸花別針即完成（P.49）。

04

白花苜蓿

背面　　葉子

菊花

胸針

滿天星（PF）

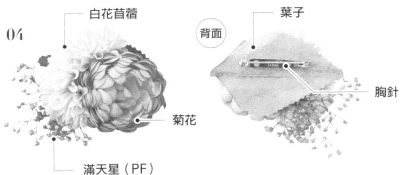

05 至 06

Blue Flower
Crown &
Wristlet

（作品頁數：P.10．P.11）

05〈花冠〉

◆ 布花的材料

繡球花 ···················· 44朵份（作法P.36）
　ⓑ：花瓣布（木棉布／6×6cm）
　·································· 紙型 ◎ 大44片
　花瓣染劑 ···················· 綠1：褐1：黃1/3
　　　　　　　　　（全部混勻後稀釋三倍）
　扁頭花蕊（白）···························· 44枝

◆ 使用的不凋花（PF）

繡球花／藍・白 ························ 各1.5株
滿天星／白 ································· 2枝

◆ 飾品材料

花藝鐵絲
　············· 13支（分別剪成10cm，共39支）
天鵝絨緞帶（藍／6mm寬）··········· 1m×2條
貝殼形墜飾 ································· 2個
海星形墜飾 ································· 4個
喜歡的貝殼 ································· 適量
棉花珍珠（直徑8mm）····················· 2個
花藝膠帶（白）···························· 適量

06〈手腕花〉

◆ 布花的材料

繡球花 ···················· 20朵份（作法P.36）
　ⓑ：花瓣布（木棉布／6×6cm）
　·································· 紙型 ◎ 大20片
　花瓣染劑 ···················· 綠1：褐1：黃1/3
　　　　　　　　　（全部混勻後稀釋三倍）
　扁頭花蕊（白）···························· 20枝

◆ 使用的不凋花（PF）

繡球花（藍・白）························ 各1/2株
滿天星（白）·································· 1/2枝

◆ 飾品材料

花藝鐵絲
　·············· 6支（分別剪成10cm，共18支）
天鵝絨緞帶（藍／6mm寬）
　·································· 50cm×2條
貝殼形墜飾 ································· 1個
海星形墜飾 ································· 2個
喜歡的貝殼 ································· 適量
棉花珍珠（直徑8mm）····················· 2個
花藝膠帶（白）···························· 適量

作法

❶ 不凋花（參閱P.44）和墜飾（參閱P.52）作好前置準備。

❷ 將布花繡球花4朵紮成一束，花蕊以花藝鐵絲捲起來（花冠11組，手腕花5組）。

❸ 依照❷→繡球花（PF／藍）→繡球花（PF／白）的順序，鐵絲部分以花藝膠帶連接起來。中途衡量整體的平衡度，穿插墜飾和滿天星。

❹ 將所有的花連接好後，兩端連接天鵝絨緞帶，連接處以花藝膠帶包起來。

❺ 將貝殼和棉花珍珠適當裝飾好後即完成。

> Point1
> 墜飾要將不同的造型穿插配置。
>
> Point2
> 花冠中央的位置（配戴時的正面）不要有墜飾。

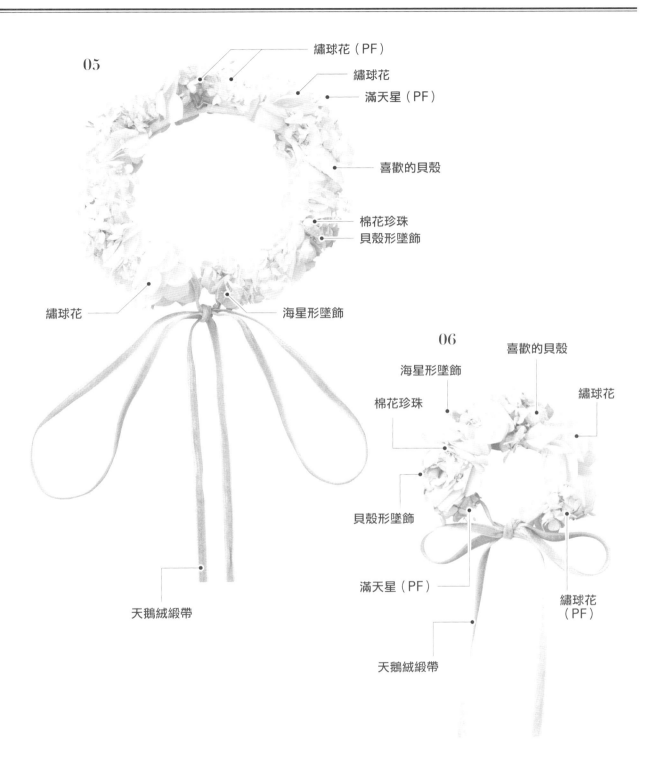

05

繡球花（PF）

繡球花

滿天星（PF）

喜歡的貝殼

棉花珍珠
貝殼形墜飾

繡球花

海星形墜飾

06

喜歡的貝殼

海星形墜飾

繡球花

棉花珍珠

貝殼形墜飾

滿天星（PF）

繡球花
（PF）

天鵝絨緞帶

天鵝絨緞帶

59

07

Frame
Brooch

（作品頁數：P.12）

07〈四方形〉

◆ 布花的材料

勿忘我 ··· 2朵份（作法P.37）
　Ⓑ：花瓣布（木棉布／3×3cm）····· 紙型Ⓖ2片
　花瓣染劑 ··································· 綠1：褐1：黃1/3
　　　　　　　　　　　　　（全部混勻後稀釋三倍）
　珍珠（直徑2mm）··························· 2顆
　藝術銅線 ·· 約10cm
繡球花 ··· 2朵份（作法P.36）
　Ⓑ：花瓣布（天鵝絨布／4.5×4.5mm）
　　　　　　　　　　　　　　····· 紙型Ⓞ 小2片
　花瓣染劑 ··································· 綠1：褐1：黃1/3
　　　　　　　　　　　　　（全部混勻後稀釋三倍）
　珍珠（直徑2mm）··························· 2顆
　藝術銅線 ·· 約10cm
白花苜蓿 ·· 1朵份（作法P.37）
　花瓣布（木棉布／6×6cm）·········· 紙型Ⓕ5片
　花瓣染劑 ··································· 綠1：褐1：黃1/3
　　　　　　　　　　　　　（全部混勻後稀釋三倍）
　花藝鐵絲 ·· 1支

◆ 使用的不凋花（PF）

蓮草花 ·· 1朵
繡球花（白）··· 少量
滿天星（白）··· 少量
荷蘭芹（白）··· 少量

◆ 飾品材料

相框造型配件（40×55mm的四方形）·········· 1個
胸針（20mm）·· 1個
不織布（白／40×55mm的四方形）·········· 1片
棉花珍珠（直徑8mm）····························· 1個

07

滿天星（PF）

勿忘我

繡球花

棉花珍珠

荷蘭芹
（PF）

白花苜蓿

蓮草花（PF）

繡球花（PF）

相框造型配件

作法

❶ 將白花苜蓿的鐵絲從花托處剪下。
❷ 繡球花依P.36的作法作到🄸，以藝術銅線將珍珠穿過布花中央。銅線留約2mm左右，多餘的剪下後，再將尾端沿著花瓣彎摺（參閱P.47）。
❸ 將依P.37作法作到❷的勿忘我，以藝術銅線穿一顆珍珠。銅線依❷的作法處理。
❹ 在相框的背面黏上不織布。
❺ 將滿天星擺成像要從相框中跳脫出來一樣，黏在正面的左上方。
❻ 黏上❸的勿忘我，以遮蓋❺的連接處。
❼ 將❷黏在中央和右上方。
❽ 在勿忘我的下方黏上蓮草花，蓮草花下方由左而右依序黏上不凋花的繡球花→白花苜蓿→棉花珍珠。
❾ 在❽的縫隙間黏上荷蘭芹。
❿ 將胸針黏在不織布背面後即完成（參閱P.49）

> **Point**
> 將主角布花－繡球花朝正面，
> 其他的花朵朝旁邊調整，
> 看起來會比較平衡。

08

Frame
Brooch

（作品頁數：P.12）

08〈橢圓形〉

◆ 布花的材料

勿忘我 ······················· 1朵份（作法P.37）
　ⓑ：花瓣布（木棉布／4×4cm）····· 紙型ⓖ1片
　花瓣染劑 ·························· 綠1：褐1：黃1/3
　　　　　　　　　（全部混勻後稀釋三倍）
珍珠（直徑2mm）····················· 1顆
藝術銅線 ······························ 約10cm
繡球花 ······················· 6朵份（作法P.36）
　ⓑ：花瓣布（天鵝絨布／5×5cm）
　　　　　　　　　　· 紙型◎小5片、◎大1片
　花瓣染劑（只染◎1小片）
　　　　　　　　　　　····· 綠1：褐1：黃1/3
　　　　　　　　　（全部混勻後稀釋三倍）

珍珠（直徑2mm）····················· 2顆
扁頭花蕊（白）························ 3枝
藝術銅線 ······························ 約10cm
花藝鐵絲
　　　　············ 1支（剪成約10cm，共3支）
花藝膠帶（白）························ 適量

◆ 使用的不凋花（PF）

荷蘭芹（白）························· 少量

◆ 飾品材料

相框造型配件（40×50mm的橢圓形）····· 1個
胸針（20mm）························ 1個
不織布（白／40×50mm的橢圓形）········ 2片
棉花珍珠（直徑8mm）·················· 1個

08

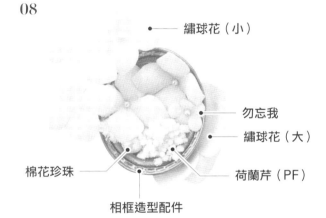

繡球花（小）
勿忘我
繡球花（大）
荷蘭芹（PF）
棉花珍珠
相框造型配件

（背面）

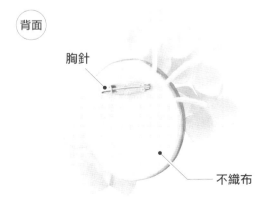

胸針
不織布

作法

❶ 繡球花（小）依P.36的作法作到❹，分別在各一片
　染色好的花瓣及未染色的花瓣上，以藝術銅線穿一
　顆珍珠。銅線留約2mm左右，多餘的剪下後，再將
　尾端沿著花瓣彎摺（參閱P.47）。

❷ 將繡球花（小）分別以花藝膠帶連接花藝鐵絲，作
　成比較長的莖。

❸ 勿忘我依P.37的作法作到❷，以藝術銅線穿一顆珍
　珠。銅線依❶的作法處理。

❹ 將繡球花（大）塗上熱熔膠，對摺後，擺成像有一
　半要從相框中跳脫出來一樣，黏在不織布的右下
　方。

❺ 在另一片不織布的左上方，將❷的莖擺成花瓣有一
　些重疊的樣子，上面再貼❹的不織布。

❻ 三朵繡球花擺在相框左上方的位置，將❺的不織布
　黏合在相框背面。

❼ 在正面的相框上面部分，以稍微傾斜的角度黏兩朵
　❶的繡球花，並將❸的勿忘我·荷蘭芹·棉花珍珠
　埋在下方。

❽ 在背面的不織布上黏上胸花別針就完成了。

Point1
利用鐵絲，讓繡球花更有立體感。

Point2
將布花擺成像要跳脫出相框的樣子，
可以帶出立體感。

09 至 11

Hydrangea &
Natural Stones
Pierced Earring

（作品頁數：P.13）

◆ 布花的材料

繡球花 ·· 10朵份（作法P.36）
　ⓑ：花瓣布（木棉布／4.5×4.5cm）
　　　··· 紙型 ◎ 小6片
　ⓑ：花瓣布（天鵝絨布／4.5×4.5cm）
　　　··· 紙型 ◎ 小4片
　花瓣染劑 ···············09＝黃、10＝紫、11＝綠
　扁頭花蕊（白）·································· 10枝
白花苜蓿 ·· 2朵份（作法P.37）
　花瓣布（木棉布／5×5cm）········· 紙型 Ⓕ 10片
　花瓣染劑 ···············綠1：褐1：黃1/3
　　　　　　　　　　　（全部混勻後稀釋三倍）
葉子 ···4片份（作法P.41）
　花藝用合成皮布（綠／6×4.5cm）
　　　··· 紙型 ⓟ 極小2片
　花藝用合成皮布（淺綠／6×4.5cm）
　　　··· 紙型 ⓟ 極小2片

◆ 使用的不凋花（PF）

滿天星（白）·· 少量

◆ 飾品材料

耳針耳環（平台／附後釦）·················· 2個（1對）
硬幣形天然石（直徑16mm）
　09＝粉紅東菱石······························ 2個
　10＝紫水晶···································· 2個
　11＝天河石···································· 2個

※這是一對耳環的材料。請準備不同顏色的繡球花染劑
　和天然石。
※作法是右耳用的作法。左邊請作成左右對稱的樣式。

09 ~ 11

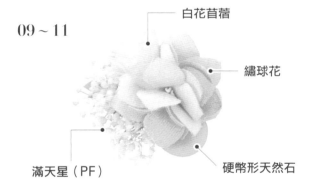

白花苜蓿

繡球花

滿天星（PF）

硬幣形天然石

（背面）

耳針

葉子

作法

❶ 將白花苜蓿‧葉子的鐵絲從底端剪下。

❷ 繡球花依P.36的作法作到 4 ，將木棉布3朵→天鵝
　絨布2朵重疊，插入花蕊。

❸ 將滿天星以像要跳脫出來的樣子，黏在以花藝用合
　成皮布（淺綠／6×4.5cm）作好的葉子（不重疊兩
　片，只使用一片）下方。

❹ 在❸上黏2朵白花苜蓿，再在上面黏❷。

❺ 將天然石黏在繡球花下方。

❻ 以錐子在花藝用合成皮布（綠／6×4.5cm）作好的
　葉子根部打洞，穿過耳針（平台）（參閱P.49）。

❼ 將葉子前端稍微錯開，在淺綠色葉子根部黏合即完
　成。

Point
將花瓣染成適合搭配天然石
的顏色吧！

12 至 14

Pale Pink
Ear Hook

（作品頁數：P.14・P.15）

◆ 布花的材料

12＝大理花＆繡球花（作法P.34、36）
大理花花瓣布（府綢布／13×13cm）
　　　　　　　　　　　　　　　　　　紙型 ⓙ 1片
ⓐ：繡球花花瓣布（木棉布／4.5×4.5cm）
　　　　　　　　　　　　　　　　　　紙型 ⓞ 小2片
花瓣染劑（大理花・繡球花共同）
　　　　　　　　　　　　　　紫紅1.3：綠1：黃1
　　　　　　　　　　　（全部混勻後稀釋1.5倍）
扁頭花蕊（白）　　　　　　　　　　　　　2枝
軟線花蕊（白）　　　　　　　　　　　　　3枝

13＝非洲菊（作法P.30至P.32）
花瓣布（木棉布／最大9×9cm）
　　　　　　　　　　　　　　紙型 ⓓ、ⓕ 各2片
花瓣染劑
非洲菊 ⓓ ────── 紫紅1.3：綠1：黃1
　　　　　　　　　　　（全部混勻後稀釋1.5倍）
非洲菊 ⓕ（暈染）
　　　　　　　底色／紫紅1.3：綠1：黃1
　　　　　　　　　　　（全部混勻後稀釋1.5倍）
　　　　　　　暈染色／紫紅1.3：綠1：黃1
扁頭花蕊（白）　　　　　　　　　　　　　2枝
軟線花蕊（白）　　　　　　　　　　　　　3枝

14＝紫羅蘭＆繡球花（作法P.36）
ⓐ：紫羅蘭花瓣布（天鵝絨布／8×8cm）
　　　　　　　　　　　　　　　　　　紙型 ⓝ 大2片
ⓐ：繡球花花瓣布（木棉布／4.5×4.5cm）
　　　　　　　　　　　　　　　　　　紙型 ⓞ 小2片
花瓣染劑
紫羅蘭　　　　　　　　　紫紅1.3：綠1：黃1
繡球花（暈染）
　　　　　　　底色／紫紅1.3：綠1：黃1
　　　　　　　　　　　（全部混勻後稀釋1.5倍）
　　　　　　　暈染色／紫紅1.3：綠1：黃1
扁頭花蕊（白）　　　　　　　　　　　　　2枝
軟線花蕊（白）　　　　　　　　　　　　　3枝

◆ 使用的不凋花（PF）

繡球花（白・榛果色）　　　　　　　　　各少量
滿天星（白・金）　　　　　　　　　　　各少量

◆ 飾品材料

耳鉤五金　　　　　　　　　　　　　　　1個
蕾絲（25×40mm）　　　　　　　　　　　1片

※以上是耳鉤1個份的材料。可以更換布花製作。
※作法示範的是作品14。作品12和13可以參考圖片配置
　來製作。

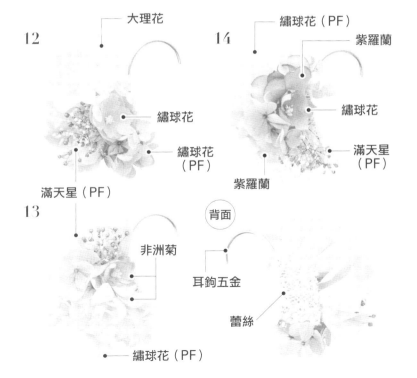

12　大理花　繡球花　繡球花（PF）　滿天星（PF）
14　繡球花（PF）　紫羅蘭　繡球花　滿天星（PF）　紫羅蘭
13　非洲菊　繡球花（PF）
背面　耳鉤五金　蕾絲

作法

❶ 在耳鉤的背面黏上蕾絲（參閱P.50）。
❷ 依P.36的作法作到 **2** ，將紫羅蘭塗上熱熔膠後對摺，黏在蕾絲下方2/3處（大理花依P.34的作法作到 **7** ，非洲菊則是作到燙製完成後對摺）。
❸ 將繡球花（PF／白）由左上方沿著耳鉤的輪廓，黏成半圓形。
❹ 在❸下方黏繡球花（榛果色），接著再在下方將兩種滿天星朝下黏合。
❺ 將依P.36作法作到 **4** 的繡球花，重疊兩片花瓣後，穿入兩種花蕊，花蕊留下2mm的長度，將多餘部分剪下。
❻ 將❹黏在❺的中央就完成了。

15

Pale Green
Necklace

（作品頁數：P.16）

15〈項鍊〉

◆ 布花的材料

繡球花 ‥‥‥‥‥‥‥‥‥‥‥‥‥ 28朵份（作法P.36）
　ⓑ：花瓣布（木棉布／最大6×6cm）
　　‥‥‥‥‥‥‥‥‥‥‥ 紙型 ◎ 中4片、◎ 大10片
　ⓑ：花瓣布（天鵝絨布／最大6×6cm）
　　‥‥‥‥‥‥‥‥‥‥‥ 紙型 ◎ 中4片、◎ 大10片
　花瓣染劑（暈染）
　　‥‥‥‥‥‥‥‥‥‥‥ 底色／綠1：褐1：黃1/3
　　　　　　　　　　　　　（全部混勻後稀釋三倍）
　　‥‥‥‥‥‥‥‥‥‥‥‥‥‥ 暈染色／黃1：綠1
　銅珠（直徑2mm）‥‥‥‥‥‥‥‥‥‥‥‥‥ 14顆
　T字針（0.6×30mm）‥‥‥‥‥‥‥‥‥‥‥‥ 14支

◆ 飾品材料

釣魚線 ‥‥‥‥‥‥‥‥‥‥‥‥‥‥‥‥‥‥‥ 約15cm
棉花珍珠（直徑14mm）‥‥‥‥‥‥‥‥‥‥‥‥ 4顆
棉花珍珠（直徑12mm）‥‥‥‥‥‥‥‥‥‥‥‥ 2顆
木珠（直徑10mm）‥‥‥‥‥‥‥‥‥‥‥‥‥‥ 2顆
收尾帽 ‥‥‥‥‥‥‥‥‥‥‥‥‥‥‥‥‥‥‥‥ 2個
擋珠（直徑1.5mm）‥‥‥‥‥‥‥‥‥‥‥‥‥‥ 2個
鍊條 ‥‥‥‥‥‥‥‥‥‥‥‥‥‥‥‥‥‥‥‥ 約35cm
　┌ O圈（直徑5mm）‥‥‥‥‥‥‥‥‥‥‥‥‥ 1個
A │ C圈（0.5×2×3mm）‥‥‥‥‥‥‥‥‥‥‥ 2個
　└ 圓形扣頭（直徑5.5mm）‥‥‥‥‥‥‥‥‥‥ 1個

15

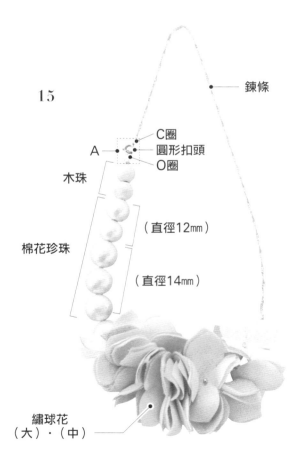

鍊條

C圈
A ─ 圓形扣頭
O圈

木珠

（直徑12mm）

棉花珍珠

（直徑14mm）

繡球花
（大）·（中）

作法

※各個步驟的詳細作法請參考P.50。

❶ 繡球花依P.36的作法作到 ❹，依銅珠→木棉布花→
天鵝絨布花的順序穿過T字針。將中和中的花瓣兩兩
重疊，總共作四組；大和大的花瓣兩兩重疊，總共
作十組。穿好後將T字針的尾端以圓嘴鉗摺彎。

❷ 依序將直徑14mm的棉花珍珠→直徑12mm的棉花
珍珠→木珠穿到釣魚線上。

❸ 在釣魚線兩端裝上擋珠和收尾帽。

❹ 將木珠旁邊的收尾帽連接O圈；棉花珍珠旁邊的收
尾帽連接C圈後，接上鍊條。鍊條另一端以C圈連接
圓形扣頭。

❺ 從棉花珍珠（直徑14mm）的旁邊，將兩組繡球花
（中）連接在鍊條上。

❻ 在❺之後，每間隔1cm連接一組繡球花（大），總
共五組。最後再連接兩組繡球花（中）即完成。

> Point
> 讓繡球花各自朝向不同的方向排列，看起
> 來比較自然。

16

Pale Green
Bracelet &
Hoop Pierce

（作品頁數：P.17）

16〈圈式耳環〉
◆ 布花的材料

繡球花 ························· 8朵份（作法P.36）
　ⓑ：花瓣布（木棉布／6×6cm）‥紙型ⓞ 大4片
　ⓑ：花瓣布（天鵝絨布／6×6cm）
　　　　　　　　　　　　　········· 紙型ⓞ 大4片
花瓣染劑（暈染）
　　　　　········· 底色／綠1：褐1：黃1/3
　　　　　　　（全部混勻後稀釋三倍）
　　　　　　　　　········· 暈染色／黃1：綠1
銅珠（直徑2mm）··················· 4個
T字針（0.6×30mm）················· 4支

◆ 使用的不凋花（PF）

繡球花（綠・白）··················· 各少量
滿天星（白）······················· 少量
◆ 飾品材料

圈式耳環五金（直徑40mm）········· 2個（1對）

16

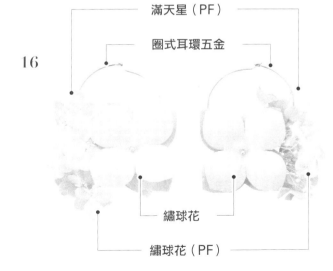

滿天星（PF）

圈式耳環五金

繡球花

繡球花（PF）

作法

❶ 凋花作好前置準備（參閱P.44）。

❷ 繡球花依P.36的作法作到 4 ，依銅珠→木棉布
　花→天鵝絨布花的順序穿過T字針，花瓣兩兩重
　疊，總共作四組。穿好後將T字針的尾端以圓嘴
　鉗摺彎（參閱P.50）。

❸ 將兩組繡球花的T字針部分穿過圈式耳環。將繡
　球花的背面雙雙黏合固定。

❹ 將三種不凋花黏合在❸的繡球花之間即完成。

Point
將兩片布花的背面黏合，使背面不會外
露，可以讓不凋花更有立體感。

17

17〈手環〉

◆ 布花的材料

繡球花 ················· 28朵份（作法P.36）
　Ⓑ：花瓣布（木棉布／最大5×5cm）
　　　··············· 紙型 ◎中6片、◎小8片
　Ⓑ：花瓣布（天鵝絨布／最大5×5cm）
　　　··············· 紙型 ◎中6片、◎小8片
　花瓣染劑（暈染）
　　··············· 底色／綠1：褐1：黃1/3
　　　　　（全部混勻後稀釋三倍）
　　··············· 暈染色／黃1：綠1
銅珠（直徑2mm）··············· 14顆
T字針（0.6×30mm）··············· 14支

◆ 飾品材料

鍊條 ··············· 約7cm
　　┌ O圈（直徑5mm）··············· 3個
A │ C圈（0.5×2×3mm）··············· 2個
　　└ 圓形扣頭（直徑5.5mm）··············· 1個
收尾帽 ··············· 2個
擋珠（直徑1.5mm）··············· 2個
釣魚線 ··············· 約12cm
棉花珍珠（直徑14mm）··············· 4個
棉花珍珠（直徑12mm）··············· 2個
木珠（直徑10mm）··············· 2個
絲質緞帶（白／13mm寬）··············· 約45cm

Pale Green Bracelet & Hoop Pierce

（作品頁數：P.17）

17

棉花珍珠（直徑14mm）

棉花珍珠（直徑12mm）

木珠

繡球花

絲質緞帶

作法

❶ 繡球花依P.36的作法作到 4 ，依銅珠→木棉布花→天鵝絨布花的順序穿過T字針。將小和小的花瓣兩兩重疊，總共作八組；中和中的花瓣兩兩重疊，總共作六組。穿好後將T字針的尾端以圓嘴鉗摺彎（參閱P.50）。

❷ 依序將直徑14mm的棉花珍珠→直徑12mm的棉花珍珠→木珠穿到釣魚線上。

❸ 在釣魚線兩端裝上擋珠和收尾帽（參閱P.50）。

❹ 將木珠旁邊的收尾帽連接圓形扣頭；棉花珍珠旁邊的收尾帽連接C圈後，接上鍊條。

❺ 鍊條另一端連以C圈連接三個O圈。

❻ 從棉花珍珠（直徑14mm）的旁邊，將兩組繡球花（小）連接在鍊條上（參閱P.50）。

❼ 每間隔5mm再連接一組繡球花（小），總共兩組。

❽ 每間隔1cm連接兩組繡球花（中），總共三組。最後再連接兩組繡球花（中）就完成了。

❾ 再間隔1cm，分別將兩組繡球花（小）依5mm的間隔連接。

❿ 將絲質緞帶穿過❺正中央的O圈，打個蝴蝶結就完成了。

18

Red Small Flowers Brooch & Earring

（作品頁數：P.18）

18〈胸針〉

◆ 布花的材料

勿忘我 ·········· 10朵份（作法P.37）
　ⓐ：花瓣布（木棉布／3×3cm）····· 紙型ⓖ5片
　ⓑ：花瓣布（正絹緞布37.5克重／3×3cm）
　·········· 紙型ⓖ5片
　花瓣染劑 ·········· 紅1：綠1/5
　珍珠（直徑2mm）·········· 10顆

◆ 飾品材料

胸針網片（直徑15mm）·········· 1個
淡水珍珠（直徑3mm）·········· 56顆
釣魚線 ·········· 約50cm
擋珠（直徑1.5mm）·········· 2個

18

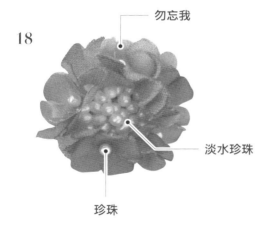

勿忘我

淡水珍珠

珍珠

作法

❶ 以裝好擋珠的釣魚線（參閱P.50），將淡水珍珠從中央以漩渦狀緊密地穿在網片上（參閱P.47）。

❷ 將勿忘我依P.37的作法作到 2，接在❶之後，以釣魚線將花瓣和珍珠穿到網片上。

❸ 再次以釣魚線穿過同樣的花瓣，接合在網片上。

❹ 將❷至❸依正絹緞布→木棉布的順序重覆幾次，在淡水珍珠周圍組合好10朵花後，將釣魚線穿到背面，以擋珠固定。

❺ 在網片上黏上胸針即完成。

Point1
飾品組基本上都是使用和布花相同質感和色調的配飾。不同的飾品，可以隨之調整花和配件的尺寸及設計。

Point2
將木棉布和正絹緞布重疊，能夠表現出花瓣的生動感。單單只以木棉布製作，花瓣會看起來像是枯萎般軟塌無力；而只以正絹緞布製作，花瓣則是太稜角分明，像是人造物般不自然。

19

Red Small Flowers Brooch & Earring

（作品頁數：P.18）

19〈夾式耳環〉以下為1對份的材料。

◆ 布花的材料

勿忘我 ·········· 8朵份（作法P.37）
  ⓐ：花瓣布（木棉布／3×3cm）····· 紙型ⓖ4片
  ⓑ：花瓣布（正絹緞布37.5克重／3×3cm）
               ····· 紙型ⓖ4片
花瓣染劑 ·········· 紅1：綠1/5
珍珠（直徑2mm）·········· 8顆

◆ 飾品材料

網片夾式耳環（直徑8mm）
               ·········· 2個（1對）
淡水珍珠（直徑3mm）·········· 112顆
釣魚線 ·········· 約1m
水滴形棉花珍珠（10×14mm）·········· 2顆
扁圈 ·········· 2個
Ｔ字針（0.6×30mm）·········· 2支
銅珠 ·········· 2顆
Ｃ圈（0.5×2×3mm）·········· 2個
擋珠（直徑1.5mm）·········· 4顆

19

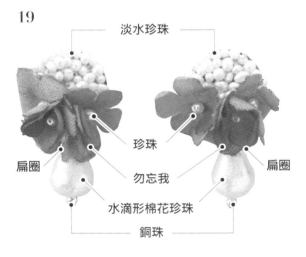

淡水珍珠

珍珠

扁圈

勿忘我

扁圈

水滴形棉花珍珠

銅珠

作法

❶ 以組裝好擋珠的釣魚線（參閱P.50），將淡水珍珠從中央以漩渦狀緊密地穿在網片上（參閱P.47）。

❷ 將勿忘我依P.37的作法作到 **2**，接在❶之後，以釣魚線將花瓣和珍珠穿到網片上。

❸ 再次以釣魚線穿過同樣的花瓣，接合在網片上。

❹ 將❷至❸依正絹緞布→木棉布的順序重覆幾次，在淡水珍珠周圍組合好10朵花後，將釣魚線穿到背面，以擋珠固定。

❺ 將銅珠→棉花珍珠→扁圈依序穿在Ｔ字針上，Ｔ字針的尾端以圓嘴鉗摺彎。

❻ 將❹的網片和❺的Ｔ字針，以Ｃ圈連接在一起。最後接到夾式耳環上就完成了。

20 至 21

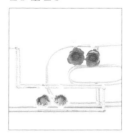

Anemone
Pierced
Earring

（作品頁數：P.19）

◆ 布花的材料

白頭翁 ················· 2朵份（作法參考P.36繡球花）
　ⓐ：花瓣布（天鵝絨布／4.5×4.5cm）
　　　 ························· 紙型◎小4片
花心布（絨布／4×4cm）················· 2片
花瓣染劑 ········· 20＝紅、21＝綠1：褐1：黃1/3
　　　　　　（全部混勻後稀釋三倍）
花心染劑 ·················· 20＝黑、21＝藍
軟線花蕊（20＝黑、21＝藍）········· 各1束
花藝用保麗龍球（直徑4mm）········· 2顆
花藝鐵絲 ······························· 2支

◆ 飾品材料（1對份）

耳針（凸針）···························· 2個
後釦（凸針）···························· 2個
半洞珍珠（直徑6mm）·················· 2顆

20 至 21

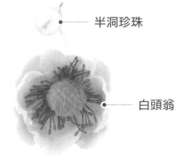

半洞珍珠

白頭翁

背面

耳針・後釦

白頭翁

作法

❶ 白頭翁依P.36繡球花的作法作到❹。
❷ 製作基本作法中的非洲菊花蕊（參閱P.30）。
❸ 將一枝❷的花蕊穿過❶的花瓣中，將鐵絲剪到接近底端處。
❹ 將後釦穿到另一片花瓣的洞中。
❺ 在❸的鐵絲部分塗上熱熔膠，連接在❹上（參閱P.49）。
❻ 將半洞珍珠黏在耳針上，就完成了。

22

Smoky Blue
Bangle &
Earring

（作品頁數：P.20・P.21）

22〈夾式耳環單耳（右）〉
◆ 布花的材料

繡球花 ························· 5朵份（作法P.36）
　ⓑ：花瓣布（木棉布／最大6×6cm）
　　 ·························· 紙型◎大2片、◎中2片
　ⓑ：花瓣布（天鵝絨布／4.5×4.5cm）
　　 ·································· 紙型◎小1片
　花瓣染劑
　　 ····················· 中、小／藍1：（黃1：紅1）1/5
　　　　　　　　　　　　（全部混勻後稀釋兩倍）
　　 ····················· 大／綠1：褐1：黃1/3
　　　　　　　　　　　　（全部混勻後稀釋三倍）

◆ 使用的不凋花（PF）

滿天星（白・金）·························· 各少量
繡球花（白）····························· 少量
兔尾草（白灰）··························· 1個
荷蘭芹（花／白）························· 少量
荷蘭芹（枝／白）··········· 2cm×2枝◆飾品材料
螺旋夾式耳環（平台）····················· 1個
棉花珍珠（直徑8mm）····················· 1個

22

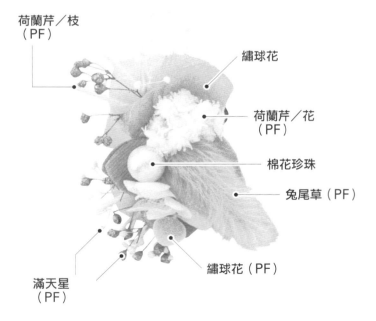

荷蘭芹／枝
（PF）

繡球花

荷蘭芹／花
（PF）

棉花珍珠

兔尾草（PF）

繡球花（PF）

滿天星
（PF）

作法

❶ 將大1片・中1片・小1片的花瓣在中央塗
　上熱熔膠，對摺。
❷ 將中2片・小1片錯開重疊，作成花瓣狀，
　黏合在❶的大繡球花上方。
❸ 在❷上方沿著花瓣將荷蘭芹（花）・棉花
　珍珠・繡球花不凋花均勻黏好。
❹ 將兔尾草（或逗貓棒）傾斜朝下黏在❸的
　中央。
❺ 將荷蘭芹的枝和兩種滿天星黏在花瓣間。
❻ 在剩下的大花瓣中央塗上熱熔膠，摺四褶
　後，將夾式耳環五金黏著在花瓣之間（參
　閱P.49）。
❼ 將❻黏著在❺的背面即完成。

23

Smoky Blue Bangle & Earring

（作品頁數：P.20・P.21）

23〈C形手環〉
◆ 布花的材料

繡球花 ·· 8朵份（作法P.36）
　ⓑ：花瓣布（木棉布／最大5×5cm）
　　　··· 紙型ⓞ中3片、ⓞ小4片
　ⓑ：花瓣布（天鵝絨布／4.5×4.5cm）
　　　·· 紙型ⓞ小1片
　花瓣染劑 ······························ 藍1：（黃1：紅1）1/5
　　　　　　　　　　（全部混勻後稀釋兩倍）
　銅珠（直徑2mm） ································· 1顆
　藝術銅線 ·· 1條

◆ 使用的不凋花（PF）

滿天星（白・金） ································· 各少量
繡球花（白） ······································· 少量
兔尾草（白灰） ····································· 1個
荷蘭芹（白） ································· 2cm×2枝

◆ 飾品材料

C形手環五金 ·· 1個
扁頭花蕊（白） ····································· 3枝

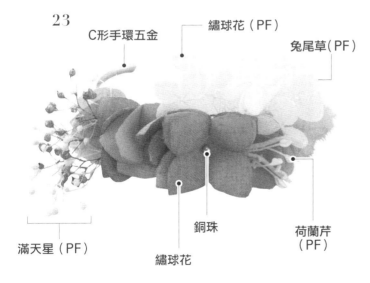

23

C形手環五金

繡球花（PF）

兔尾草(PF)

滿天星（PF）

繡球花

銅珠

荷蘭芹（PF）

作法

❶ 將銅珠穿過藝術銅線，再將繡球花依P.36的作法作到❹，接著依木棉布（小）→天鵝絨布（小）→木棉布（小）的順序重疊。將鐵絲留2mm左右，剪除剩餘的部分後，將鐵絲沿著花瓣摺彎（P.47）。

❷ 將剩餘的5片花瓣中央塗上熱熔膠後，摺成四褶。

❸ 將布花由左至右，依中→小→中→小→❶→中的順序，黏在C形手環上。

❹ 將兩種滿天星穿插在左邊中和小花瓣的中間。

❺ 在中央的❶後方，黏上繡球花不凋花。

❻ 在右邊布花旁邊黏上兔尾草。

❼ 在❶和右邊的繡球花（小）之間，插入人造花蕊和荷蘭芹，黏好即完成。

24 至 25

Stock &
Gerbera
Barrette

（作品頁數：P.22）

24〈藍花〉

◆ 布花的材料

繡球花 ···················· 8朵份（作法P.36）
　ⓑ：花瓣布（木棉布／4.5×4.5cm）
　　　······························ 紙型ⓞ 小8片
　花瓣染劑 ··············· 綠1：褐1：黃1/3
　　　　　　　　　 （全部混勻後稀釋三倍）
扁頭花蕊（黃）····························· 8枝
紫羅蘭 ···················· 1朵份（作法P.36）
　ⓑ：花瓣布（天鵝絨布／7×7cm）
　　　······························ 紙型ⓝ 小2片
　花瓣染劑 ··············· 藍（兩倍染劑）
扁頭花蕊（黃）························· 1/2枝

◆ 使用的不凋花（PF）

蓮草花 ······································· 1朵
繡球花（白）······························ 1/3株

◆ 飾品材料

髮夾五金（長80mm）····················· 1個
底襯蕾絲（20mm寬）·················· 約8cm
絲質緞帶（白／36mm寬）············· 約30cm

25〈白花〉

◆ 布花的材料

繡球花 ···················· 8朵份（作法P.36）
　ⓑ：花瓣布（天鵝絨布／4.5×4.5cm）
　　　······························ 紙型ⓞ 小8片
素玉花蕊（黑）····························· 8枝
非洲菊 ············· 1朵份（作法P.30-32）
　花瓣布（木棉布／13×13cm）······ 紙型ⓔ3片
　花瓣染劑 ··············· 綠1：褐1：黃1/3
　　　　　　　　　 （全部混勻後稀釋三倍）
　素玉花蕊（黑）························ 1/2枝

◆ 使用的不凋花（PF）

蓮草花 ······································· 1朵
繡球花（榛果色）························ 1/3株

◆ 飾品材料

髮夾五金（長80mm）····················· 1個
底襯蕾絲（20mm寬）·················· 約8cm
絲質緞帶（白／36mm寬）············· 約30cm

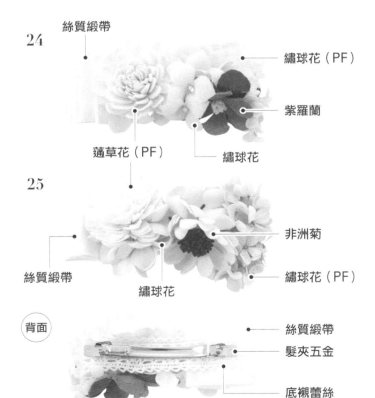

24
　絲質緞帶
　繡球花（PF）
　紫羅蘭
　蓮草花（PF）
　繡球花

25
　絲質緞帶
　非洲菊
　繡球花
　繡球花（PF）

背面
　絲質緞帶
　髮夾五金
　底襯蕾絲

作法

❶ 不凋花作好前置準備（參閱P.44）。將繡球花・非洲菊的鐵絲從底端處剪下。

❷ 將紫羅蘭依P.36的作法作到**2**，重疊兩片後插入花蕊。

❸ 將絲質緞帶錯開摺成4段（參閱P.47），黏在底襯蕾絲邊緣的1/3處。

❹ 另一邊則黏上繡球花不凋花。

❺ 在絲質緞帶的上方黏蓮草花，繡球花不凋花的上方黏紫羅蘭（或非洲菊）。

❻ 將繡球花布花黏在❺的空隙間。

❼ 將髮夾五金黏在底襯蕾絲的後方，即完成。

> **Point**
> 將花配置在從上下左右任何方向，都不會看到連接鐵絲的位置，再黏好。

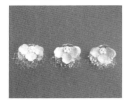

26 至 28

Hydrangea Ring with Tulle Lace

（作品頁數：P.23）

◆ 布花的材料

繡球花 ························· 2朵份（作法P.36）
　ⓐ：花瓣布（天鵝絨布／5×5cm）
　　　 ····························· 紙型◎中1片
　ⓐ：花瓣布（木棉布／6×6cm）
　　　 ····························· 紙型◎大1片
花瓣染劑
26＝暈染 ········· 底色／綠1：褐1：黃1/3
　　　　　　　 （全部混勻後稀釋三倍）
　　 ····· 暈染色／紫紅1.3：綠1：黃1
27＝暈染 ········· 底色／綠1：褐1：黃1/3
　　　　　　　 （全部混勻後稀釋三倍）
　　 ·········· 暈染色／藍3：紫1
28＝紫紅1.3：綠1：黃1

◆ 使用的不凋花（PF）

26＝滿天星（玫瑰色＆白） ················· 少量
27＝滿天星（金＆白） ······················· 少量
28＝滿天星（白） ····························· 少量

◆ 飾品材料

戒指底座（平台） ······························ 1個
珍珠（直徑3mm） ······························ 3顆
淡水珍珠（直徑1mm） ························ 10顆
網紗（大網目・小網目／6×3cm） ·········· 各1片
藝術銅線 ······································· 1條

※上述為戒指1個份的材料。變換染劑和不凋花，分別製作吧！

26 至 28

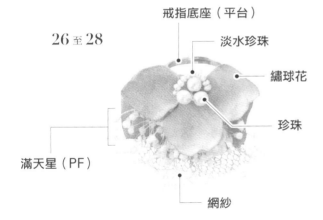

戒指底座（平台）
淡水珍珠
繡球花
珍珠
滿天星（PF）
網紗

作法

❶ 將繡球花（大）依P.36的作法作到🔳，塗上熱熔膠後，將花瓣對摺（成為襯底）。
❷ 將兩種重疊在一起的網紗捏成波浪狀，黏著在❶的花瓣間。
❸ 將繡球花（中）四片花瓣中的一片以剪刀剪掉。注意不要剪到中央的洞。
❹ 將藝術銅線穿過❸中央的洞，再將淡水珍珠串成半圓形・珍珠串成三角形後，將藝術銅線穿回同一個洞中，縫合固定。
❺ 在❷的上方黏合❹。將滿天星黏著在縫隙間。
❻ 戒指底座黏在❺的背面即完成。

29 至 30

Blue Small Flowers Brooch & Earring

29〈胸針〉
◆ 布花的材料

勿忘我 ······························· 7朵份（作法P.37）
　ⓐ：花瓣布（木棉布／3×3cm）······ 紙型Ⓖ3片
　ⓑ：花瓣布（正絹緞布37.5克重／3×3cm）
　　　　　　　　　　　　　　　　 紙型Ⓖ4片
　花瓣染劑 ······················ 藍1：（黃1：紅1）1/5
　珍珠（直徑2mm）························ 7顆
繡球花 ····························· 2朵份（作法P.36）
　ⓑ：花瓣布（木棉布／4.5×4.5cm）
　　　　　　　　　　　　　　　　 紙型Ⓞ小2片
　花瓣染劑 ······························· 綠

◆ 飾品材料

網片胸針（甜甜圈／直徑38mm）
　　　　　　　　　　　　　　　　　　 1個
淡水珍珠（直徑1mm）················· 18顆
珍珠（直徑3mm）···················· 24顆
棉花珍珠（直徑8mm）·················· 8個
釣魚線 ···························· 約1.5m
擋珠（直徑1.5mm）····················· 2顆

30〈夾式耳環〉（1對份）
◆ 布花的材料

勿忘我 ···························· 10朵份（作法P.37）
　ⓐ：花瓣布（木棉布／3×3cm）······ 紙型Ⓖ5片
　ⓑ：花瓣布（正絹緞布37.5克重／3×3cm）
　　　　　　　　　　　　　　　　 紙型Ⓖ5片
　花瓣染劑 ······················ 藍1：（黃1：紅1）1/5
　珍珠（直徑2mm）······················ 10顆
繡球花 ····························· 2朵份（作法P.36）
　ⓑ：花瓣布（木綿）················· 紙型Ⓞ小2片
　花瓣染劑 ······························· 綠

◆ 飾品材料

網片耳環（直徑8mm）
　　　　　　　　　　　　　　　　　　 2個
釣魚線 ···························· 約50cm
擋珠（直徑1.5mm）····················· 4顆

29

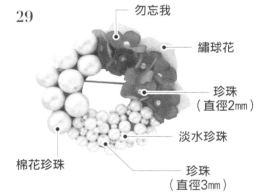

勿忘我
繡球花
珍珠（直徑2mm）
淡水珍珠
棉花珍珠
珍珠（直徑3mm）

30

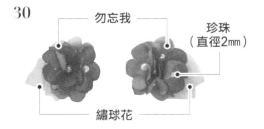

勿忘我
珍珠（直徑2mm）
繡球花

作法

29〈胸針〉

❶ 將釣魚線裝上擋珠（參閱P.50），穿一顆棉花珍珠到網片的1/3處（參閱P.47）。

❷ 繼續使用❶的釣魚線，在❶旁邊1/3處隨意縫上淡水珍珠和珍珠。

❸ 接著在❷的釣魚線上，穿入依P.37作法作到❷的勿忘我和珍珠。

❹ 再次將釣魚線穿過同一個花瓣的洞，縫在網片上。

❺ 依正絹緞布→木棉布的順序重覆❸至❹，將網片覆蓋住。釣魚線以擋珠固定。

❻ 將兩朵依P.36作法作到❹的繡球花，塗上熱熔膠後對摺，黏在網片和勿忘我間。

❼ 將胸針黏在網片上後，即完成。

30〈夾式耳環〉

❶ 將裝有擋珠的釣魚線（參閱P.50）穿過網片後，在穿入依P.37作法作到❷的勿忘我和珍珠。

❷ 再次將釣魚線穿過同一個花瓣的洞，縫在網片上。

❸ 依正絹緞布→木棉布（另一個是木棉布→正絹緞布）的順序重覆❶至❷，將網片覆蓋住。釣魚線以擋珠固定。

❹ 將依P.36作法作到❹的繡球花，塗上熱熔膠後對摺，黏在網片和勿忘我間。

❺ 將耳環黏在網片上後即完成。

31

Corsage of Bouquet

（作品頁數：P.25）

31〈蒲公英〉

◆ 布花的材料

蒲公英 ‥‥‥‥‥‥‥‥‥‥‥ 4朵份（作法P.39）
　花瓣布（天鵝絨布／1.8×35cm）‥‥‥‥ 4片
　花瓣染劑 ‥‥‥‥‥‥‥‥‥‥‥‥‥‥‥ 黃
　花藝鐵絲（#24）‥‥‥‥‥‥‥‥‥‥‥ 4支
　花藝膠帶 ‥‥‥‥‥‥‥‥‥‥‥‥‥‥ 適量
白花苜蓿 ‥‥‥‥‥‥‥‥‥‥‥ 3朵份（作法P.37）
　花瓣布（木棉布／5×5cm）‥‥‥ 紙型Ⓕ15片
　花藝鐵絲（#24）‥‥‥‥‥‥‥‥‥‥‥ 3支
　花藝膠帶 ‥‥‥‥‥‥‥‥‥‥‥‥‥‥ 適量
繡球花 ‥‥‥‥‥‥‥‥‥‥‥ 1朵份（作法P.36）
　Ⓑ：花瓣布（木棉布／6×6cm）‥紙型Ⓞ 大2片
　花瓣染劑 ‥‥‥‥‥‥‥‥‥‥ 紫（兩倍熱水）
　扁頭花蕊（黃）‥‥‥‥‥‥‥‥‥‥‥‥ 3枝
　花藝鐵絲（#24）‥‥‥‥‥‥‥‥‥‥‥ 1支
　花藝膠帶 ‥‥‥‥‥‥‥‥‥‥‥‥‥‥ 適量

毛球 ‥‥‥‥‥‥‥‥‥‥‥‥‥‥‥‥ 4顆份
參閱P.30至31的非洲菊花蕊作法
　布（絨布／3×3cm）‥‥‥‥‥‥‥‥‥‥ 4片
　染劑 ‥‥‥‥‥‥‥‥‥‥‥‥‥‥‥‥‥ 黃
　花藝用保麗龍球 ‥‥‥‥‥‥‥‥‥‥‥ 4顆
　花藝鐵絲（#24）‥‥‥‥‥‥‥‥‥‥‥ 4支
　花藝膠帶 ‥‥‥‥‥‥‥‥‥‥‥‥‥‥ 適量
葉子 ‥‥‥‥‥‥‥‥‥‥‥‥ 5片份（作法P.41）
　布（木棉布／10×10cm）‥‥‥‥ 紙型Ⓣ10片
　造花染料 ‥‥‥‥‥‥‥‥‥‥‥ 綠1：黃1
　花藝鐵絲（#24）‥‥‥‥‥‥‥‥‥‥‥ 5支
　花藝膠帶 ‥‥‥‥‥‥‥‥‥‥‥‥‥‥ 適量

◆ 使用的不凋花（PF）

蠟菊（黃粉紅）‥‥‥‥‥‥‥‥‥‥‥‥ 適量
亞麻籽（白＆綠）‥‥‥‥‥‥‥‥‥‥‥ 適量

◆ 飾品材料

胸花別針（20mm）‥‥‥‥‥‥‥‥‥‥‥ 1個
花藝鐵絲 ‥‥‥‥‥‥‥‥‥‥‥‥‥‥‥ 1支

31

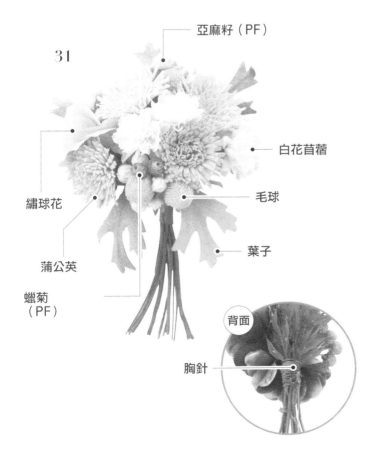

亞麻籽（PF）

白花苜蓿

毛球

葉子

繡球花

蒲公英

蠟菊（PF）

背面

胸針

作法

❶ 不凋花作好前置準備（參閱P.44）。蒲公英・白花苜
蓿的鐵絲以花藝膠帶捲起來。

❷ 繡球花依P.36的作法作到❹，將兩片花瓣重疊，插入
花蕊。花蕊以花藝膠帶將鐵絲部分包起來。

❸ 參考基本作法中非洲菊花蕊的製作方式，製作毛球。

❹ 拿好四朵蒲公英，將白花苜蓿均勻配置在蒲公英間。

❺ 將繡球花放在❹的左側，❸作好的毛球則放在中央下
方。

❺ 將全體調整成渾圓立體的外形，縫隙中插入兩種不凋
花。

❻ 將葉子擺在❻的後方，整體調整好後，花朵底端以鐵
絲（#30）固定。其中也要將別針一起捲起來。鐵絲
固定好後，再以熱熔膠將別針牢牢固定。

❼ 鐵絲（莖）留下6cm長度，剪掉多餘部分後即完成。

Point1
一邊調整鐵絲的長度，一邊將蒲公英葉子的前端
調整成圓弧形。

Point2
將剪好的鐵絲末端稍微拉開，表現出自然分散的
感覺。

32

Corsage of Bouquet

（作品頁數：P.25）

32〈非洲菊〉

◆ 布花的材料

非洲菊 ·················· 1朵份（作法P.30至P.32）
　花瓣布（木棉布／9×9cm）·········· 紙型 Ⓓ 2片
　花心布（絨布／4×4cm）····················· 1片
　花瓣染劑 ··············· 褐（熱水為染劑的兩倍）
　花心染劑 ································· 黑
　素玉花蕊（黑）·························· 1/2束
　花藝用保麗龍球 ·························· 1顆
　花藝鐵絲（#24）························· 1支
　花藝膠帶 ····························· 適量
紫羅蘭 ······················· 2朵份（作法P.36）
　ⓑ：花瓣布（天鵝絨布／8×8cm）
　··························· 紙型 Ⓝ 大4片
　花瓣染劑（暈染）
　··············· 底色／紫（熱水為染劑的三倍）
　······························ 暈染色／紫
　扁頭花蕊（白）························· 2枝
　花藝鐵絲（#24）························ 2支
　花藝膠帶 ····························· 適量

◆ 使用的不凋花（PF）

蠟菊（黃粉紅）·························· 少量
亞麻籽（白＆綠）························ 少量
咪咪草（綠）·························· 少量
樺木葉（萊姆綠）························ 少量

◆ 飾品材料

胸花別針（20mm）······················ 1個
花藝鐵絲（#30）························ 1支

32

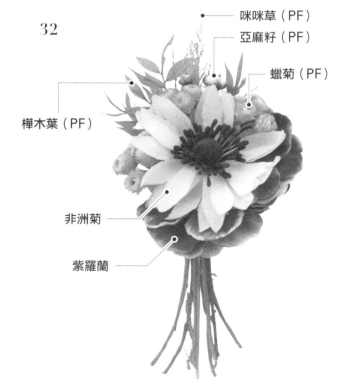

咪咪草（PF）
亞麻籽（PF）
蠟菊（PF）
樺木葉（PF）
非洲菊
紫羅蘭

作法

❶ 不凋花作好前置準備（參閱P.44）。

❷ 紫羅蘭依P.36的作法作到 ②，將兩片花瓣重疊，插入花蕊後，將花蕊以花藝膠帶將鐵絲（#30）部分包起來。接著將花瓣對摺黏合。

❸ 以非洲菊為中心，左上半部分配置蠟菊，右下半部分則以❷的紫羅蘭將非洲菊包圍起來

❹ 非洲菊上方配置亞麻籽，後方再以咪咪草和樺木葉等葉類襯托。

❺ 將❹的花朵底端以鐵絲固定。其中也要將別針一起捲起來。鐵絲固定好後，再以熱熔膠將別針牢牢固定。

❻ 鐵絲（莖）留下6cm長度，剪掉多餘部分後即完成。

> **Point**
> 以非洲菊為中心，將其他花材以左右不對稱的方式平均配置。

紙型Ⓐ至Ⓘ

Ⓐ

Ⓒ

Ⓑ

Ⓓ

Ⓔ

2mm
Ⓖ

Ⓘ

Ⓕ

Ⓗ

紙型Ⓙ至Ⓞ

Ⓙ

Ⓝ 大 小

Ⓚ

Ⓛ

大 中 小 Ⓞ

Ⓜ

紙型 P 至 U

P 極小

小

中

大

0.5cm

2cm

Q

S

R

U

T

花の道 42

女孩兒的花裝飾・
32款優雅纖細的手作花飾

作　　　　者／折田さやか
譯　　　　者／陳妍雯
發　行　　人／詹慶和
總　編　　輯／蔡麗玲
執　行　編　輯／劉蕙寧
編　　　　輯／蔡毓玲・黃璟安・陳姿伶・李佳穎・李宛真
執　行　美　編／韓欣恬
美　術　編　輯／陳麗娜・周盈汝
內　頁　排　版／造極
出　　版　　者／噴泉文化館
發　　行　　者／悅智文化事業有限公司
郵政劃撥帳號／19452608
戶　　　　名／悅智文化事業有限公司
地　　　　址／新北市板橋區板新路206號3樓
電　　　　話／(02)8952-4078
傳　　　　真／(02)8952-4084
電　子　信　箱／elegant.books@msa.hinet.net

2017年8月初版一刷　定價 480 元

經銷／高見文化行銷股份有限公司
地址／新北市樹林區佳園路二段70-1號
電話／0800-055-365 傳真／（02）2668-6220

國家圖書館出版品預行編目資料

女孩兒的花裝飾・32款優雅纖細的手作花飾/折田さや
か著；陳妍雯譯. -- 初版. – 新北市：噴泉文化館出版，
2017.8
　面；　公分. -- (花之道; 42)
ISBN 978-986-95290-0-6(平裝)
1.裝飾品 2.手工藝

426.9　　　　　　　　　　　　　　　　　106013880

SARAH GAUDI
折田さやか

飾品作家。1986年生於東京，定居埼玉。自日本大學文
理學院化學系畢業後，任職過公司職員，之後獨立。
2014年，創立使用布花、人造花、不凋花等花材的品牌
SARAH GAUDI。經常參與企劃展、活動設攤、舉辦展覽
會等。以自然優雅的美感為核心概念，製作婚禮小物或
日常配飾等，作品範圍甚廣。
【HP】 http://sarahgaudi.thebase.in/
【facebook】 https://www.facebook.com/sarahgaudi
【instagram】 http://instagram.com/sarah_gaudi

拍攝協力

AWABEES
UTUWA
cocca
naughty　　東京都澀谷區惠比壽南3-2-10
　　　　　　P.6・26連身洋裝／P.9 圓盤／P.10玻璃盒
　　　　　　／P.11連身洋裝／P.14上衣／P.18圓盤／
　　　　　　P.21 連身洋裝・外文書／P.22杯墊

材料提供

藤久股份公司　　購物網站：Shugale
　　　　　　　　http://www.shugale.com

STAFF

拍攝　　　　福井裕子
書籍設計　　加藤美保子（STUDIO DUNK）
髮型設計　　鎌田真理子
造型設計　　露木藍（STUDIO DUNK）
模特兒　　　Noe Saathoff
編輯＆撰文　塚本佳子
編集　　　　加藤風花（STUDIO PORTO）
　　　　　　大沢洋子（文化出版局）
發行人　　　大沼淳